第二届全国电脑建筑画(含动画)大赛获奖作品集

《建筑画》编辑部　　编

中国建筑工业出版社

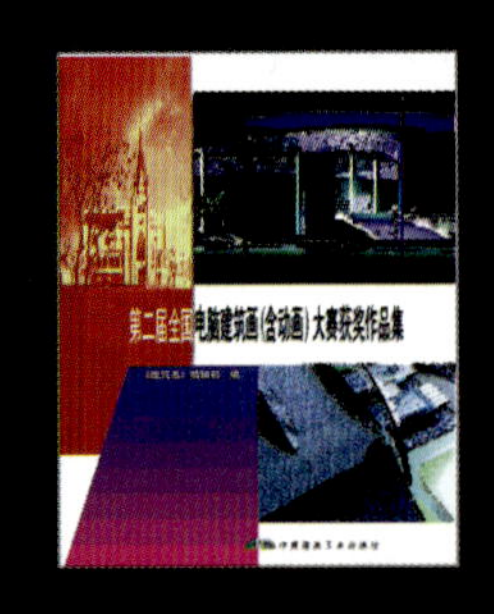

第二届全国电脑建筑画(含动画)大赛评委会名单

总　策　划: 杨永生(《建筑画》编委会主任、中国建筑工业出版社编审)
沈耀明(广州德克赛诺科技有限公司总裁)

主任委员: 彭一刚(中国科学院院士、天津大学教授)
钟训正(中国工程院院士、东南大学教授)

副主任委员: 王伯扬(《建筑画》主编、中国建筑工业出版社编审)
范迪安(中央美术学院副院长)

委　　员:
纪怀禄(清华大学教授)
郑曙旸(中央工艺美术学院教授)
梁应添(建设部建筑设计院副总建筑师)
于志公(《建筑画》副主编)
卢济威(同济大学教授)
王国梁(中国美术学院教授)
何镜堂(中国工程院院士、华南理工大学教授)
何锦超(广东省建委设计处处长)
何关培(广州德克赛诺科技有限公司副总裁)
叶荣贵(华南理工大学教授)
邹　明(深圳大学副教授)
刘　燕(深圳洪涛装饰工程公司设计师)
郑国英(中国建筑西南设计院副总建筑师)
屈培青(中国建筑西北设计院副总建筑师)
姚金墩(中南建筑设计院副总建筑师)

秘　书　长: 何关培　于志公

目录

评委点评

一等奖

8 北京御苑穆斯林大厦方案
10 北京西站地区管委会综合办公楼

二等奖

12 舒仲花粉科技生态园鸟瞰
13 常州市基督教堂
14 汕头跳水馆
15 海口会展中心日景
16 湖北省高级人民法院审判综合楼大厅
17 某体育馆方案
18 舞(深圳游泳和跳水馆)
19 安徽纪念园合肥馆
20 栊湖观景塔
21 杭州西湖国宾馆3号楼

三等奖

22 漂流木酒吧
23 沈阳三好大厦投标方案
24 宁波国际会议展览中心夜景
25 浙江人民大会堂投标方案
26 武汉商业步行街
27 金箔集团大厅
28 长沙市会议展览中心投标方案
29 厦门中山公园花展馆及盆景园方案设计
30 天津天信广场顶层休息厅
31 湖南大学科学馆立面改造
32 海埂花园总统楼
33 江苏科学宫门厅方案
34 上海有线电视台会议室
35 四驱先锋越野车会粤北训练基地会员活动室
36 四川绵阳市广播电视中心方案
37 北京老年活动中心
38 某大厅一角
39 北京中华民族园白族村寨广场
40 杭州东信大酒店大堂设计

优秀奖

41 深圳星通布心大厦
42 雅仕海洋俱乐部
43 某别墅客厅效果图
44 山西应县佛宫寺释迦塔落架翻修工程
45 云南中甸某多功能民族表演餐厅
46 天津万科会所游泳池
47 杭州灵隐寺茶庄效果方案图
48 沈阳光大银行休闲厅效果图
49 辽宁省移动通信有限公司大连分公司办公楼
50 天津交通银行营业厅
51 天狮药业技术中心
52 天津开发区保税大厦东享大厅室内设计
53 某科技展览中心
54 三品堂茶艺社设计
55 北京十渡旅游度假村
56 太原房地产交易市场展厅
57 会议大厅
58 桂林市象山广场设计方案表现图
59 南油太子花园
60 贵阳邮电局
61 湖南机场
62 某酒店套房
63 云南光大银行中庭
64 烟台德胜广场室内
65 江苏聋哑学校教学楼方案
66 江苏泰兴电信大楼
67 天文馆改造工程配套住宅
68 中科院分子楼方案
69 连云港黄金海岸大酒店
70 昆明中心广场金融街夜景
71 浪琴居
72 湖北出版社文化城主体建筑
73 海口会展中心景观透视
74 厦门领事馆区公共建筑方案
75 某体育中心规划方案
76 河南省艺术宫
77 武汉展览馆建筑细部
78 舒仲花粉科技生态园透视
79 武夷山某商业街
80 福建地税局办公大楼
81 福州日溪宾馆
82 福建广播电视中心
83 福建广播电视中心
84 山西文学馆
85 某高校体育馆
86 南京浦发银行二层大堂

87 杭州花港宾馆大堂
88 武汉音乐学院音乐厅
89 田家炳教育书院
90 福州海关缉私大楼
91 福州元洪城
92 北京朝外 C 区方案
93 元泰大厦
94 公寓立面
95 西安国际经贸大厦方案
96 昆明红塔体育中心保龄球馆
97 昆明鸿银大厦
98 云南昆明市红塔体育中心
99 海埂花园总统楼
100 郑州五洲大酒店外立面
101 约克迪厅广场
102 无锡太湖国际会议中心大堂方案
103 澳洲丽园小区规划之伊丽园
104 中国工商银行南宁市某支行营业大厅室内设计方案
105 领袖别墅 B 型客厅
106 领袖别墅餐厅
107 中科院自动化研究所
108 某公司总经理室效果图
109 福州凯旋花园
110 厦门湖畔城堡方案设计
111 温州农行中山支行二层营业厅效果图
112 苏州周庄假日大酒店大堂效果图
113 深圳宝安中学图书馆
114 常州市清凉路综合楼
115 “雪燕”T 恤展示厅
116 “岳麓书院”讲学堂
117 辽宁省移动通讯指挥中心
118 梅陇城鸟瞰图
119 福建省广播电视中心工程投标方案
120 大华商业文化中心
121 海口假日海滩度假村
122 北京东四电信局
123 邢台电业局调度中心方案
124 苍山市政府及广场环绕效果图
125 呼和浩特市政中心设计方案
126 银滩大酒店
127 淮阴市交通大厦
128 苏州广电演播大厅效果图
129 烟台市富饶彩色水泥制品厂综合楼
130 衢州市电信枢纽工程大楼会议室
131 浙江亚厦装饰集团办公楼
132 嘉兴建设银行办公楼大厅
133 浙江新闻出版物质大楼
134 苏州中国大饭店大堂设计方案
135 沈阳市欧亚大厦实施方案局部表现
136 南方公司办公楼外立面改造
137 肇庆某酒店餐厅
138 重庆涪陵日兴大厦水晶大厅
139 重庆清华中学体育馆
140 重庆合川体育场
141 重庆涪陵天和大厦
142 上海图书馆新馆中厅
143 浙江某银行
144 上海金山区政府某大楼
145 省农资大厦
146 西安高科广场
147 西安高科广场
148 枫叶新都市高层住宅
149 枫叶新都市高层住宅
150 杭州剧院改建艺术画廊
151 某人行过街天桥
152 桂林某商贸大厦
153 某科技大厦效果图
154 某客厅效果图
155 柳州工商局培训中心大楼投标方案
156 成都紫荆广场
157 四川广汉三星堆蜀市方案
158 成都四季花园高层公寓投标方案
159 西宁某酒吧
160 某公司科研楼大厅
161 西安丰盛商贸大厦酒店大堂
162 商业建筑
163 商业建筑
164 北京科技会展中心
165 某部南方一号别墅
166 美时办公家具展位设计
166 电子沙盘
167 某酒店前厅
168 电脑与建筑画(二)

评委点评

钟训正

电脑画是建筑表现最先进的手段，表现领域宽广，表达也快速准确，在色调、光影、质感、构图等方面，以及与摄影和其它画种的拼接都较容易。尽管如此，电脑毕竟只是一种工具，必须由人来操作，它永远不能代替人脑来作创造性的思维。电脑画的成败还是有赖于操作者的艺术素养和艺术技巧。换言之，即：优秀的电脑画必须有娴熟的电脑操作技术加深厚的绘画基本功。

王伯扬

众所周知，电脑制作在电影艺术领域里正在发挥着一种几乎可以称之为革命性的作用。它在增加电影艺术的表现力和营造极致的视觉享受方面所表现出来的非凡能力，是常规手段无法比拟的。

在建筑画领域里，电脑建筑画虽然还谈不上是一种“革命”，但是电脑绘画所具备的某些特殊性能，却确确实实可以大幅度提高建筑画的表现力，大幅度降低建筑师的劳动强度。例如，在室内多光源环境中，不同部位的明暗、阴影和质感表现极为复杂，应用一般绘画手段，几乎难以将真实情况准确而又完美地表达出来。而利用电脑作画手段，只要能准确建模，就可以创作出非常真实而且非常艺术的电脑室内建筑画来。这种情况已为两届全国电脑建筑画大赛所证实。

因而，在建筑设计、室内环境艺术设计等领域里，电脑建筑画正在越来越广泛地得到应用，这不但是正常的，而且是可喜的。我相信，随着电脑技术的进一步发展，电脑建筑画无论在普及程度和艺术表现方面都将更上一层楼。

自然，电脑建筑画毕竟是建筑画的一种，它的创作绝对离不开建筑绘画的基本规律。没有建筑绘画的基本功，没有对建筑绘画基本原理的深刻理解，没有对建筑绘画表现技法的熟练掌握，就不可能利用电脑软件去准确建模，就不可能创作出优秀的电脑建筑画来。这种情况也已为两届全国电脑建筑画大赛所证实。有些同志电脑技术很高明，但所作的电脑建筑画，或则构图不佳、色彩欠妥，或则少了一点“灵气”，多了一点“匠气”，其原因无非是建筑绘画功夫还不到家。基于这一点，我希望青年学生在学习制作电脑画之前，首先要下苦功夫学好建筑绘画，只有这样才能进入电脑建筑画创作的高境界。

王国梁

电脑建筑画特别要注意素描关系，注重画面的整体感。建筑画为业主而画，太商品化，已成时弊，要找回艺术的感觉。“素描”要画出色彩来，“色彩”要画出“素描”来。

姚金墩

电脑制作的效果图应该是精致、现代，有意境有特色的一个画种，它可以利用现有的电脑设施及后期制作技术，有效的表达和创造特定的环境、气氛和光影效果。

本届大赛的作品中，既有为突出设计主题而采用的对比、衬景等手法的作品，也有采用钢笔、炭铅，经手绘后扫描输入电脑，而后对环境、细部、色调、材质进行后期处理等多种效果表现技巧，改变了人们对电脑效果图近似照片的纯写实观念。

本届大赛一等奖获得者均为专业的电脑画制作公司，但可喜的是二等奖以下的大部分作者则为设计单位或高校的建筑师。若干画面在设计、构图、制作上均有较高的水准，希望青年建筑师们能在设计及推敲作品的同时，对电脑效果图的表现手法，在运用的同时大胆进行创新，不仅为自己的设计作品更加精益求精，也使电脑效果图的制作迈上新的台阶。

郑国英

建筑的发展离不开科技的进步。近年来计算机技术的迅猛发展已经在建筑设计与表现领域产生了新的革命。它以全新的手法诠释了建筑，令人们耳目一新；它使我们摆脱了过去手工绘图必须进行的单调繁琐的工作，集中精力于那些创造性的工作，从而加速了设计的进度。尽管它只是一种工具，但它在各个领域所表现出的巨大能量已足可以证明它在建筑设计与表现上的前景将会是无比广阔的。

纪怀禄

随着社会的前进，我国建筑画的创作经历了如下几个阶段：70年代以前以水彩渲染和水墨渲染为主，80年代前期和中期以水彩渲染和钢笔淡彩为主，80年代后期以水粉渲染为主，90年代初期至中期以水粉渲染和喷笔渲染为主，90年代中期至现在，计算机渲染在建筑表现中已经占据着统治地位。当然，事物总是在不断发展，一种表现方式只能在一定时期内独领风骚，终究会被另外的表现方式所代替，计算机渲染也不会例外，例如，用计算机动画表现建筑设计将有广泛的发展前景；当人们欣赏趣味发生变化之后，手工绘制的建筑效果图也还会重放光彩，但在目前阶段，计算机渲染这一表现方式已在我国建筑设计单位得到广泛普及，成为深受用户欢迎的建筑透视图的主要表现方式，这是不争的事实。随着新型计算机软件的不断开发，目前计算机渲染图已经能够非常真实地表现出建筑设计方案的材料质感、建筑色彩、光影效果和环境气氛等等，总之，它可以极为真实地表现出建筑物建成以后的效果，这是其他任何一种表现方法所无法比拟的。正是这一突出的优势，使计算机渲染成为目前阶段最受业主欢迎的表现方式。

尽管计算机渲染目前在我国已经得到广泛普及，有的作品也达到相当高的水平，但是计算机渲染仍然存在着一些有待提高的问题，至少有如下三个方面：一、写实风格不写实。能够真实表现地段环境本来是计算机渲染的特长，但是没有得到正确运用，大多数作品任意编造环境，失去了写实风格的真正意义，也无法利用透视图对建筑设计方案与环境的关系进行判断。二、缺乏个人风格，千人一面，作品流于一般化。三、非写实风格的作品数量过少，其实，这是一个有广阔发展空间的领域。如果上面几个问题得到重视，我国计算机渲染作品将会达到一个更高的水平。

邹　明

同建筑设计一样，电脑建筑画做为一种表现形式也需要设计。电脑可以模拟各种质感、光线、制造逼真的画面效果。而色彩处理，质感表现，光线设定，气氛烘托，无一不依赖于作者的创作意图，技术与艺术并存，同时表现对象本身的设计品位也是一个重要因素，一幅出色的电脑建筑画应是三方面的融合。从这次得奖的作品中可以看出，电脑技术的含量是具体的，可视的，而艺术修养则是潜移默化的，直接影响和驾驭画面的效果。和谐、含蓄、优雅无一不表现出设计者的艺术修养，而正是这些为作品注入了文化与生机。

屈培青

电脑建筑画的兴起，丰富了建筑画的画种，但是它只是绘画的一种工具，不能最终取代建筑画，因为电脑建筑画必须建立在创作者的建筑绘画修养及手绘创作技能的基础上去完成，在作画时要把建筑作品的创作思想表达出来。在电脑建筑画中，从建筑构思、透视角度、素描关系、色彩关系、环境色彩及建筑配景，均离不开美术创作基本功，建筑画的创意和风格是与一个建筑师的美术修养分不开的。希望在学习电脑建筑画的同时，一定不要放弃学好美术理论，练好手画基本功，在学习绘画中不断提高综合艺术悟性，这样才能创作出反映建筑师自身个性、情感、风格的好作品。

叶荣贵

高水平的建筑画源于高质素的人才。评价建筑画作品有四个基本准则：一是画面构图，这是作品综合艺术的体现；二是建筑造型及其建筑空间，这是建筑画的专业特征及刊物之市场价值；三是建筑形体的具体表现技巧，这是作者艺术素质的展现；四是各类配景表述的技艺及与建筑的关系，这是画面“红花绿叶”的完整性。这些耳熟能详的“老三篇”也应是评价电脑建筑画的基本准则。尽管建筑画有多种艺术类型，尽管各类建筑画有各自表达的特征和程式，但其质量标准也应大致相同。

本届电脑建筑画评选已见分晓，即使获得前三名的优秀作品，也留下一些艺术遗憾。今天我国的国情，建筑画已捲入了电脑绘画的汪洋大海中，但要保持清醒的头脑。电脑建筑画“逼真”，但容易染上“俗气”；电脑建筑画“准确”，此乃庸人之见。

电脑建筑动画与电脑建筑画并非同类艺术。电脑建筑动画的艺术水平不应以动画制作之难度来区分，而应视整套动画的构思水平和表达主题的艺术魅力。

过分依赖“先进”的技术而忽视基本素质的提高，其结果将是一串的“遗憾”。只有高素质的作者运用了先进的技术才能创造出高水平的建筑画和建筑动画作品。

一等奖　兰　闽

北京御苑穆斯林大厦方案

北京原景建筑设计咨询公司

一等奖　刘勇宏　党辉军　陈宝华
北京西站地区管委会综合办公楼
北京市八度电脑图文制作有限公司

二等奖 李晓敏

舒仲花粉科技生态园鸟瞰

东南大学建筑系

二等奖　沙克勤

常州市基督教堂

常州市民用建筑设计院

二等奖 宋勇强

汕头跳水馆

上海同济规划建筑设计研究总院

二等奖 陈剑霄

海口会展中心日景

中南建筑设计院建筑方案创作室

二等奖　魏清桥

湖北省高级人民法院审判综合楼大厅

武汉中天图形技术有限公司

二等奖 申　江

某体育馆方案

中国航空工业规划设计研究院

二等奖　宋勇强

舞(深圳游泳和跳水馆)

上海同济规划建筑设计研究总院

二等奖 韩明清

安徽纪念园合肥馆

合肥市工业大学建筑设计研究院

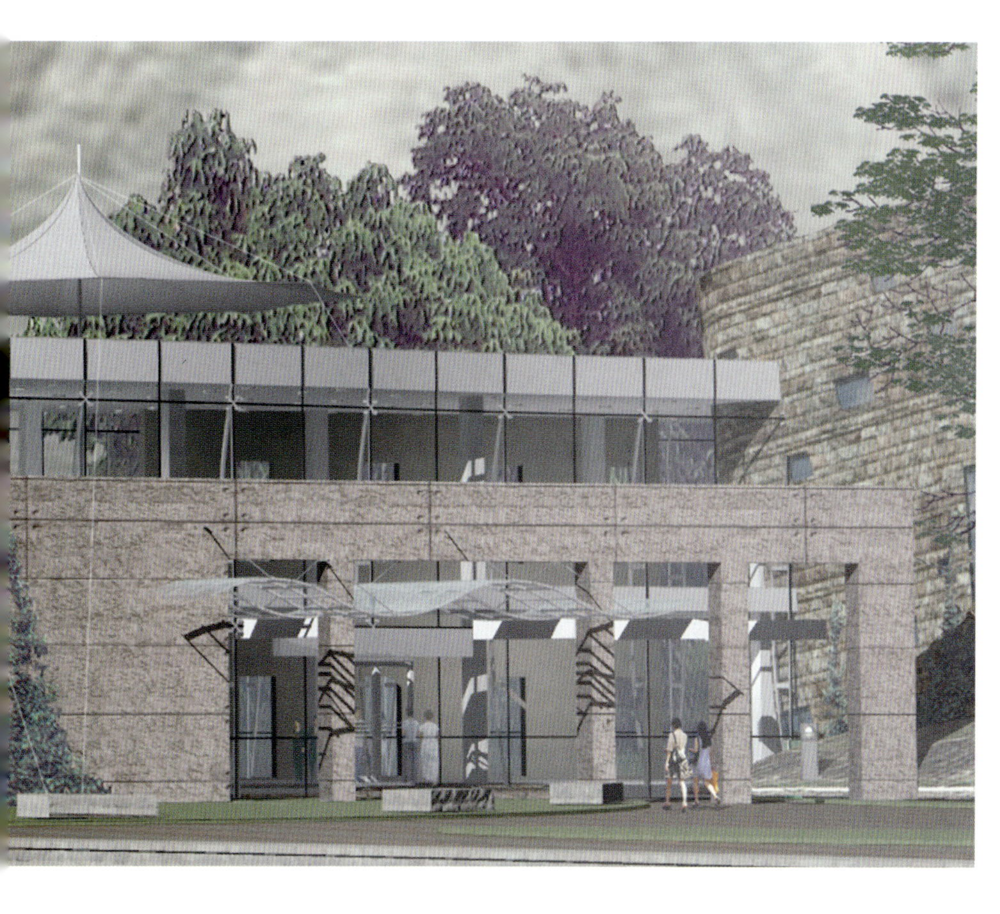

二等奖 廖俊威

枕湖观景塔

桂林市建筑设计研究院

二等奖 邵 健 彭 武

杭州西湖国宾馆 3 号楼

中国美术学院合艺设计所

三等奖 集体创作

漂流木酒吧

成都狮王建筑装饰设计有限公司

三等奖 杨 胤 张亦宁

沈阳三好大厦投标方案

沈阳建筑工程学院OTHERS建筑设计工作室

三等奖 陈　新　朱全成

宁波国际会议展览中心夜景

北京东方华脉建筑设计咨询有限责任公司

三等奖 刘勇宏 赵新祥 郭继军 王 伟 笪 琴

浙江人民大会堂投标方案

北京市八度电脑图文制作有限公司

三等奖　高　良

武汉商业步行街

湖北省武汉市亚美装饰工程公司

三等奖 李 昱 孙 敏

金箔集团大厅

南京一舆室内设计工程有限责任公司

三等奖 集体创作

长沙市会议展览中心投标方案

成都东晖图像设计制作有限公司

三等奖

张挺晖　陈璋齐

厦门中山公园花展馆及盆景园方案设计

厦门展延建筑设计企划有限公司

三等奖 巨 春

天津天信广场顶层休息厅

天津市润得环境艺术设计有限公司

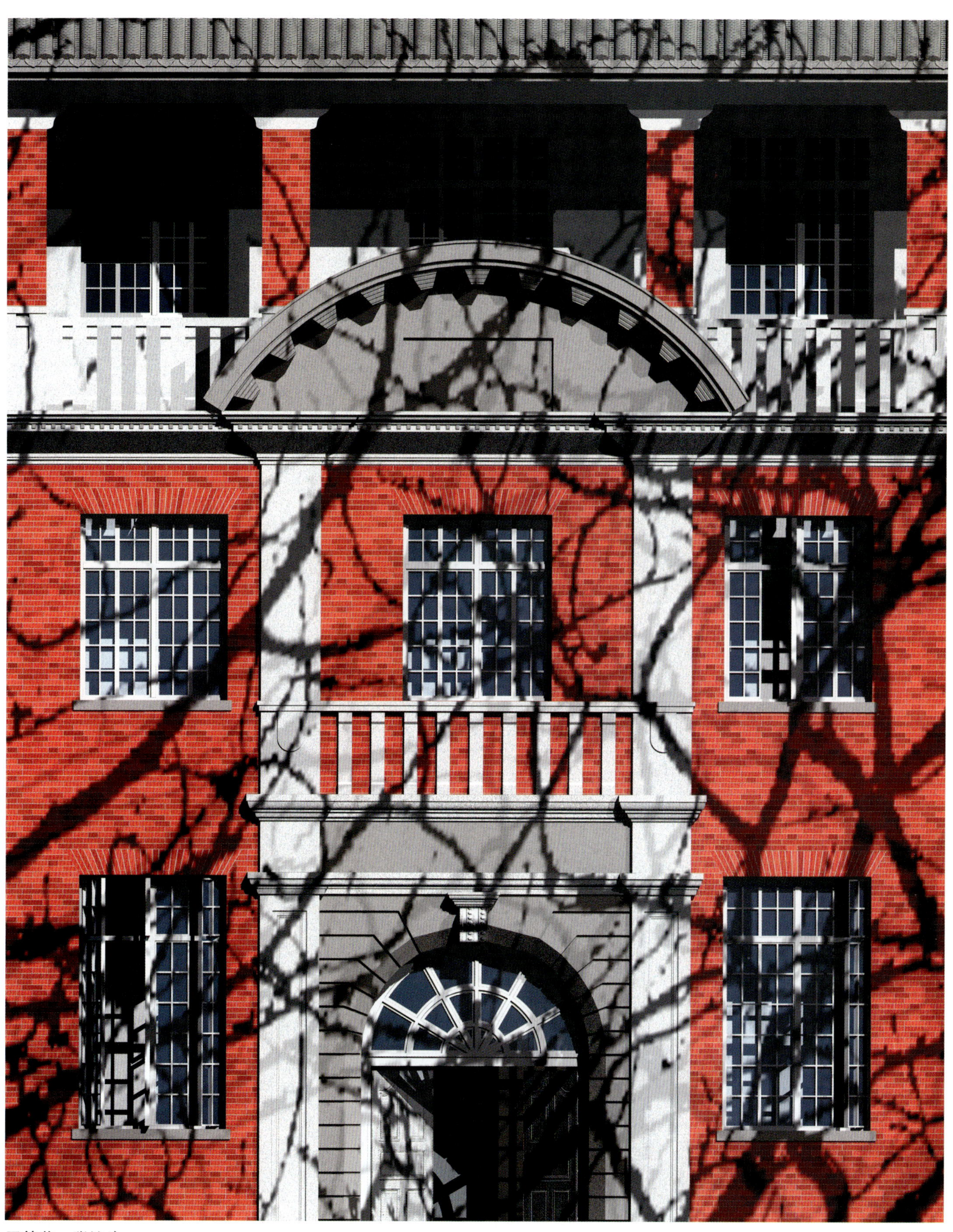

三等奖 张沁为

湖南大学科学馆立面改造

湖南大学设计研究院

三等奖　尤　磊

海埂花园总统楼

云南省设计院建筑创作中心

三等奖 杨雨谣 黄 超

江苏科学宫门厅方案

南京大家装饰设计有限公司

三等奖 盛 荟

上海有线电视台会议室

上海日盛电脑绘画有限公司

三等奖　黎文伟

四驱先锋越野车会粤北训练基地会员活动室

广州市韦格斯扬设计有限公司

三等奖　申　江

北京老年活动中心

中国航空工业规划设计研究院

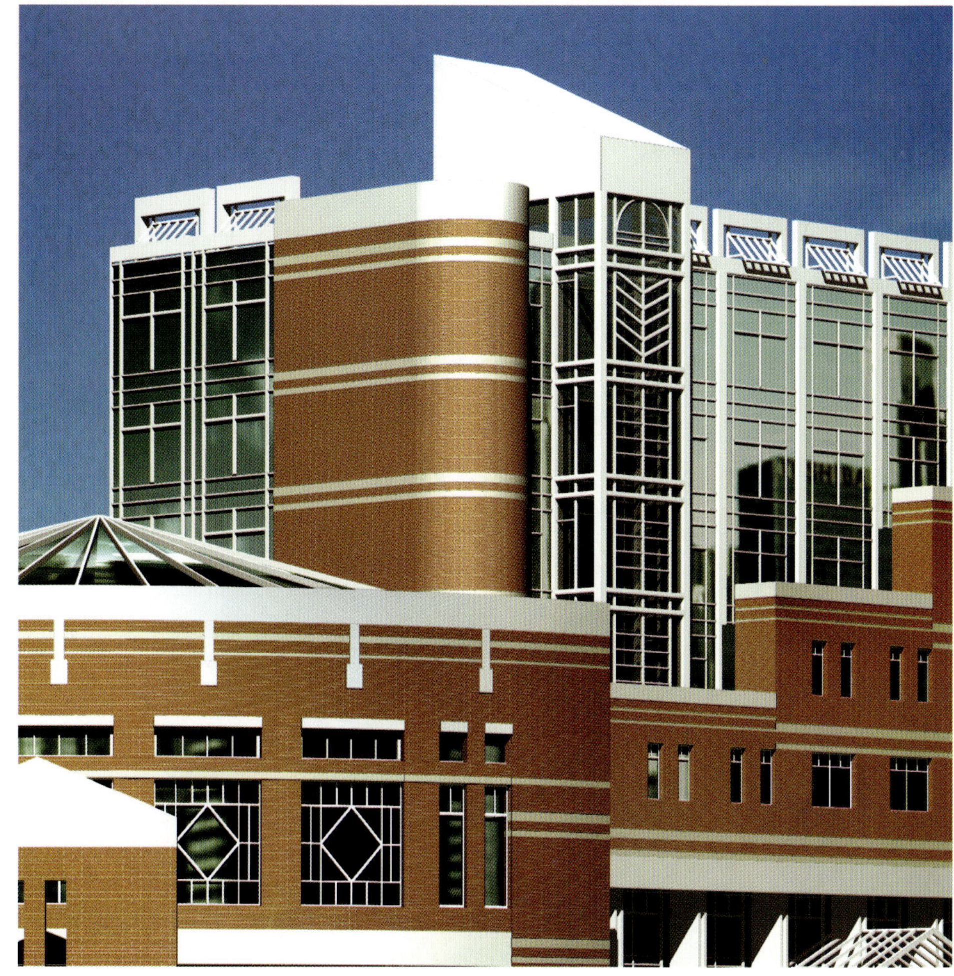

◀ **三等奖**　傅　飞　徐　锋

四川绵阳市广播电视中心方案

中国工程物理研究院建筑设计院

三等奖 李鹏涛

某大厅一角

内蒙古工业大学建工系建筑学教研室

三等奖　戴　梅

北京中华民族园白族村寨广场

云南省设计院建筑创作中心

三等奖 叶 葵 金旭敏

杭州东信大酒店大堂设计

中国美术学院合艺设计所

优秀奖 刘晓逢

深圳星通布心大厦

深圳南油工程设计有限公司

◀ **优秀奖** 刘晓逢

雅仕海洋俱乐部

深圳南油工程设计有限公司

优秀奖 葛红斌

某别墅客厅效果图

张家港市三人装饰工程设计工作室

优秀奖 张 昕 陈 捷

山西应县佛宫寺释迦塔落架翻修工程

太原理工大学建筑与环境工程学院建筑系

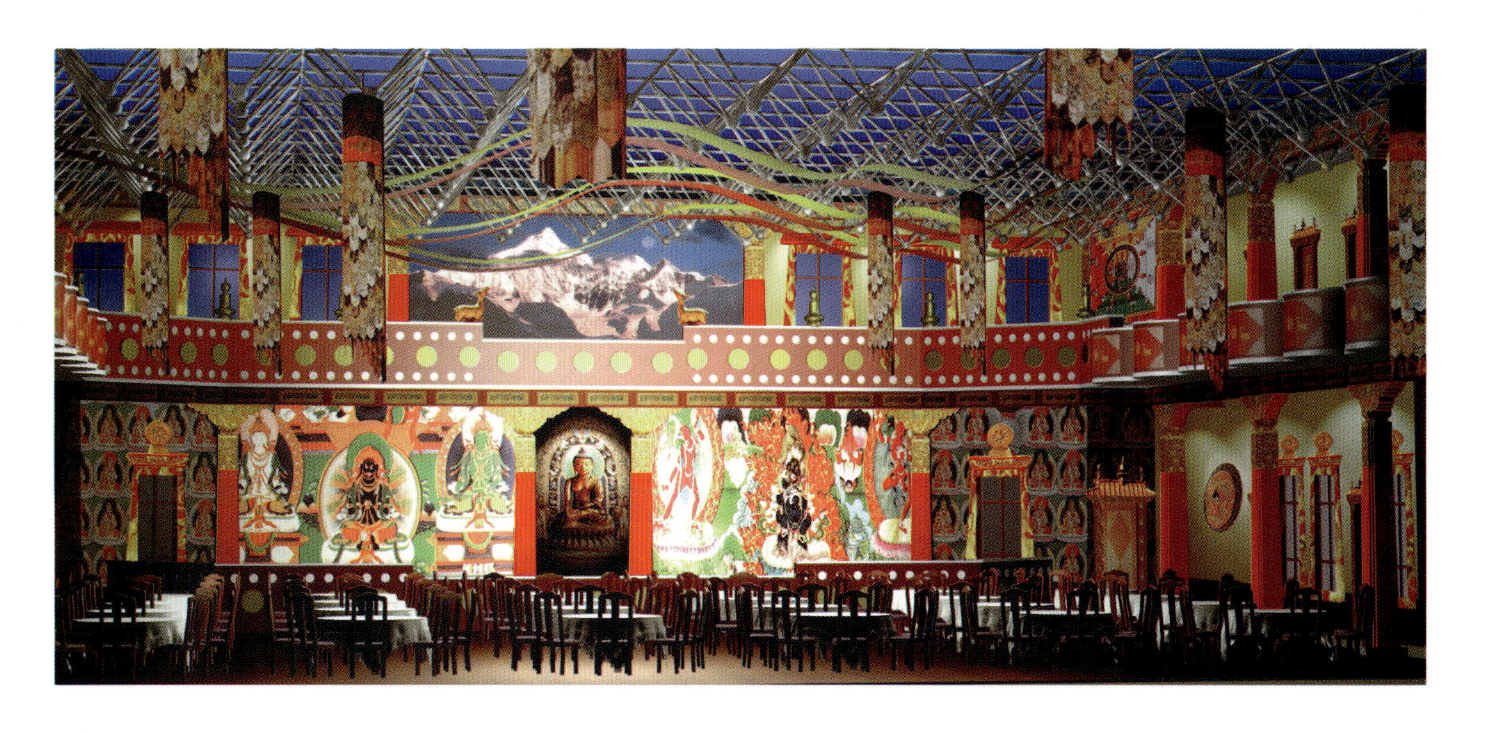

优秀奖　车震宇

云南中甸某多功能民族表演餐厅

云南工业大学建筑学系

优秀奖 徐 滢

天津万科会所游泳池

天津市润得环境艺术设计有限公司

优秀奖 王建军

杭州灵隐寺茶庄效果方案图

浙江海滨建筑工程有限公司

优秀奖　曹　瑞

沈阳光大银行休闲厅效果图

河北万华罗设计公司

优秀奖 杨 昕

辽宁省移动通信有限公司大连分公司办公楼

大连市建筑设计研究院建创所

优秀奖 刘 杰

天津交通银行营业厅

天津市建筑设计院

优秀奖 孙 勇 李 伟

天狮药业技术中心

天津市建筑设计院

优秀奖 李 杰

天津开发区保税大厦东亭大厅室内设计

天津市建筑设计院

优秀奖　李鹏涛

某科技展览中心

内蒙古工业大学建工系建筑学教研室

优秀奖 李 昱 孙 敏

三品堂茶艺社设计

南京一舆室内设计工程有限责任公司

优秀奖 刘勇宏 笪 琴 郭继军

北京十渡旅游度假村

北京市八度电脑图文制作有限公司

优秀奖 霍耀中 沈 纲

太原房地产交易市场展厅

山西大学美术学院太原理工大学

建筑系

优秀奖 刘建军 王 瑜

会议大厅

上海源创设计咨询公司

Design of Xiangshan--Plaza . Guiling
General Layout
A
B
C
D
Night--view

优秀奖 刘贷昕

南油太子花园

深圳支点设计有限公司

◀ **优秀奖** 徐晓燕

桂林市象山广场设计方案表现图

合肥工业大学建筑学系

优秀奖　何玉芳

湖南机场

深圳支点设计有限公司

◀**优秀奖**　何玉芳

贵阳邮电局

深圳支点设计有限公司

优秀奖　何玉芳

某酒店套房

深圳支点设计有限公司

优秀奖 肖家玺 许鹏举

云南光大银行中庭

南海市建筑工程公司六工程处

优秀奖 耿　健

烟台德胜广场室内

山东中大工程咨询有限公司

优秀奖　萧长德

江苏聋哑学校教学楼方案

江苏常州建筑设计研究院

优秀奖 汪 瀚

江苏泰兴电信大楼

江苏常州建筑设计研究院

优秀奖 戚积军

天文馆改造工程配套住宅

中国航空工业规划设计研究院

优秀奖 申 江

中科院分子楼方案

中国航空工业规划设计研究院

优秀奖 戚积军

连云港黄金海岸大酒店

中国航空工业规划设计研究院

优秀奖 冬 馨 张 伟

昆明中心广场金融街夜景

昆明新艺术设计装饰有限公司

优秀奖 何洁明

浪琴居

广州市海珠区城市规划建筑设计室

优秀奖 李 钫

湖北出版社文化城主体建筑

中南建筑设计院

▶**优秀奖** 李 钫

海口会展中心景观透视

中南建筑设计院

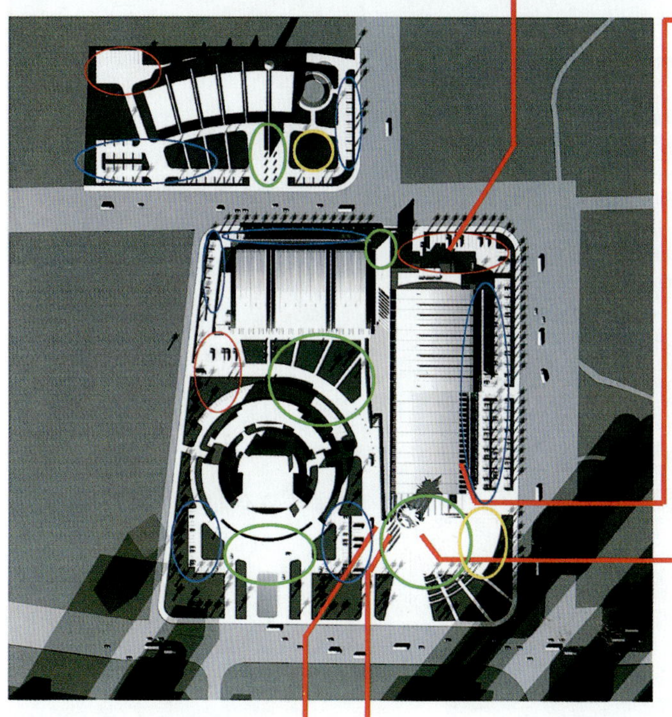

景观

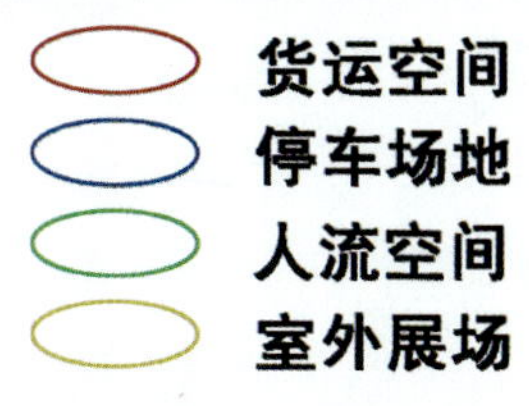

优秀奖 黄海波

厦门领事馆区公共建筑方案

中南建筑设计院

优秀奖 蔡善毅

某体育中心规划方案

中南建筑设计院四所

优秀奖 李　涛

河南省艺术宫

中南建筑设计院四所

优秀奖 薄 文

武汉展览馆建筑细部

中南建筑设计院

优秀奖　李晓敏

舒仲花粉科技生态园透视

东南大学建筑系

优秀奖 张 伟

武夷山某商业街

福建省建筑设计研究院

优秀奖 吴震陵

福建地税局办公大楼

福建省建筑设计研究院三所

优秀奖 张　伟

福州日溪宾馆

福建省建筑设计研究院

优秀奖　王　灏　赵劲松

山西文学馆

王孝雄建筑设计事务所

优秀奖 刘 剑

某高校体育馆

武汉市给排水工程规划设计院

优秀奖 刘 青

南京浦发银行二层大堂

江苏省建筑装饰设计研究院

优秀奖 高 良

杭州花港宾馆大堂

湖北省美术学院环艺系

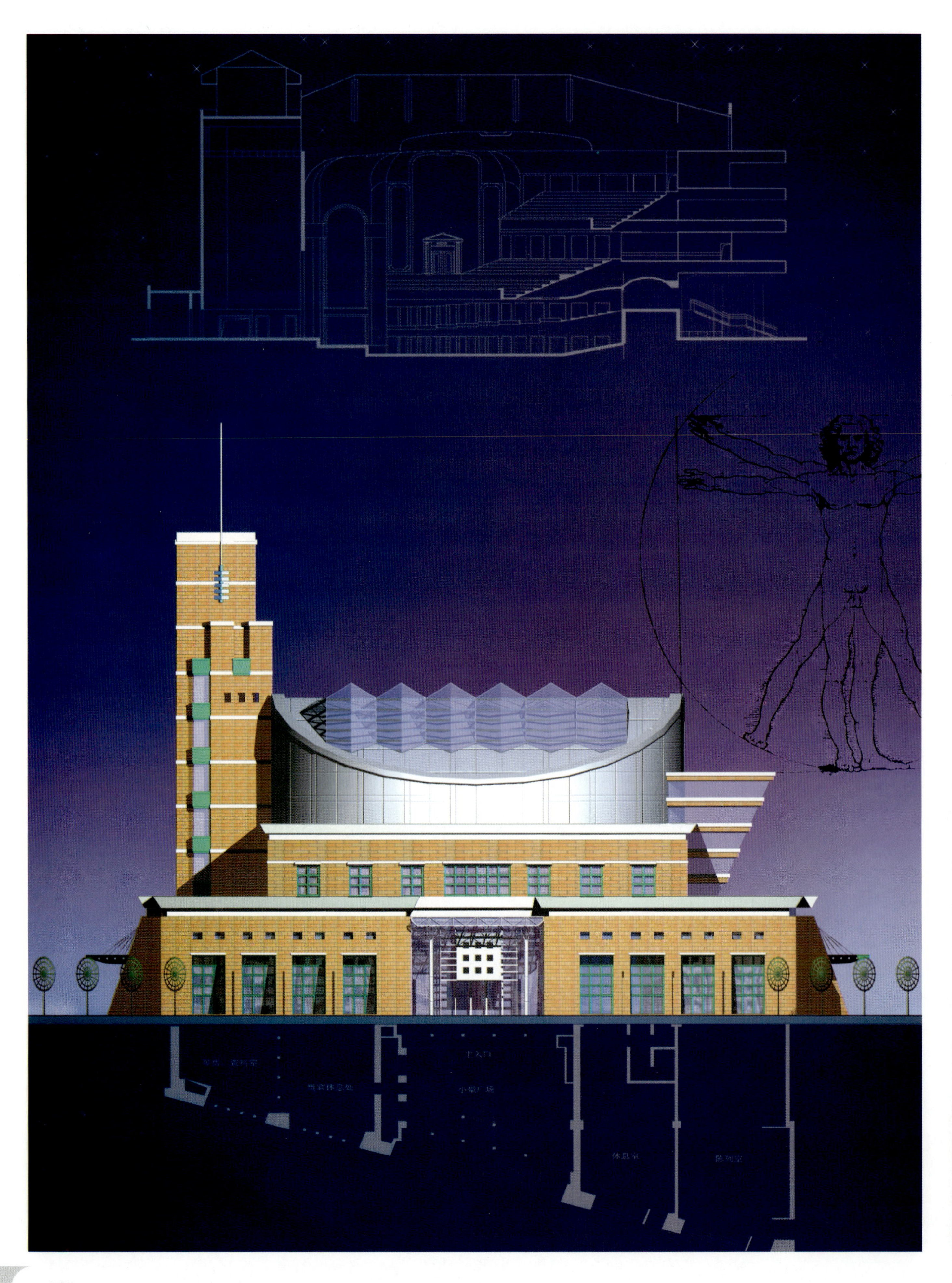

贵宾休息处
主入口
小型广场
休息室
陈列室

优秀奖 林纹剑

田家炳教育书院

福州市建筑设计院方案组

◀**优秀奖** 吴 宁

武汉音乐学院音乐厅

湖北省美术学院环艺系

优秀奖 林纹剑

福州海关缉私大楼

福州市建筑设计院方案组

优秀奖 叶 猛

福州元洪城

福州国广一叶室内设计有限公司

优秀奖 常海龙　李新露　王　暄　付　涛

北京朝外C区方案

北京市维拓时代建筑设计院

优秀奖 周 茜 靳天倚

元泰大厦

北京市维拓时代建筑设计院

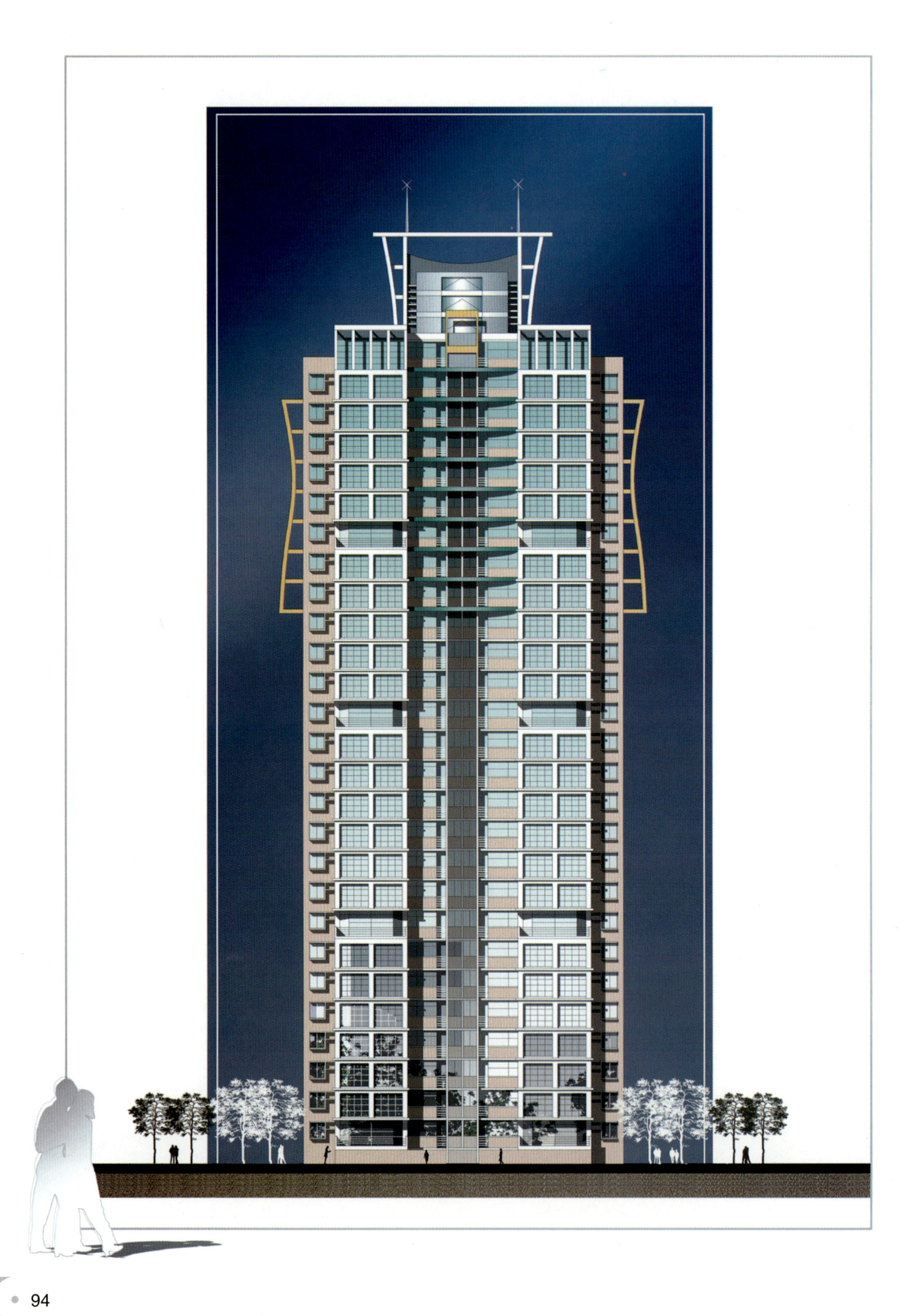

优秀奖 吴 静 屠大庆
李新露 王 暄
西安国际经贸大厦方案
北京市维拓时代建筑设计院

◀**优秀奖** 李新露 靳天倚
公寓立面
北京市维拓时代建筑设计院

优秀奖　刘雨帆

昆明红塔体育中心保龄球馆

云南省设计院建筑环境与室内设计院

优秀奖 何 辉

昆明鸿银大厦

云南省设计院建筑创作中心

优秀奖　吕画羽

云南昆明市红塔体育中心

云南省设计院建筑创作中心

▶ **优秀奖**　王昆军

海埂花园总统楼

云南省设计院建筑创作中心

优秀奖 许晋川

郑州五洲大酒店外立面

河南集美设计公司

优秀奖 胡玉国 胡玉哲

约克迪厅广场

河南省百图设计事务所

优秀奖 杨雨谣 周 锐

无锡太湖国际会议中心大堂方案

南京大家装饰设计有限公司

优秀奖　徐克坚　徐克翔

澳洲丽园小区规划之伊丽园

个人

优秀奖 严　笠　赵俊涛

中国工商银行南宁市某支行营业大厅室内设计方案

广西南宁市君禹建筑装饰设计事务所

优秀奖 楼 超

领袖别墅 B 型客厅

中国美术学院风景建筑设计研究院

优秀奖 楼　超

领袖别墅餐厅

中国美术学院风景建筑设计研究院

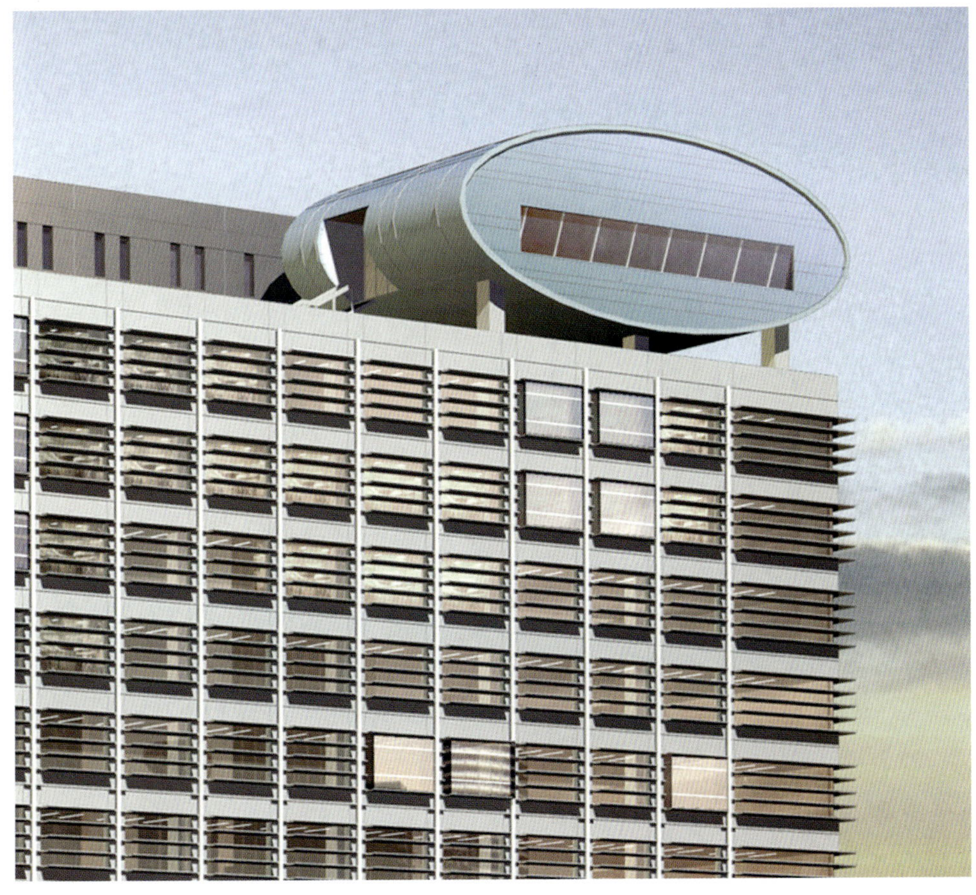

优秀奖 陈 新 宗澍坤 魏 峰

中科院自动化研究所

北京东方华脉建筑设计咨询有限责任公司

优秀奖 顾学峰

某公司总经理室效果图

克林斯普装饰有限公司

优秀奖 郑林伟

福州凯旋花园

福建省建筑设计研究院

优秀奖 张挺晖 陈璋齐

厦门湖畔城堡方案设计

厦门展延建筑设计企划有限公司

优秀奖　陈继华

温州农行中山支行二层营业厅效果图

潘天寿环境艺术设计有限公司(陈继华工作室)

优秀奖 张笑红

苏州周庄假日大酒店大堂效果图

潘天寿环境艺术设计有限公司(陈继华工作室)

▶ **优秀奖** 王 峤

深圳宝安中学图书馆

深圳宝安建筑设计院

图书馆
LIBRARY

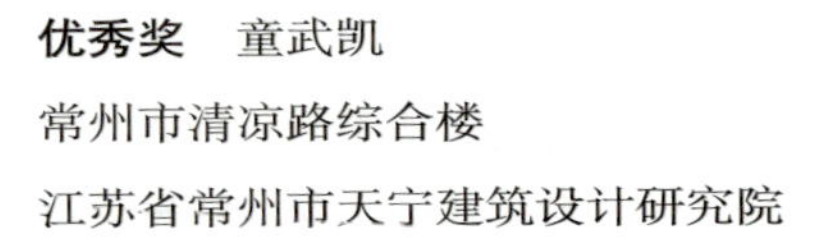

优秀奖 童武凯

常州市清凉路综合楼

江苏省常州市天宁建筑设计研究院

优秀奖　耿庆雷

“雪燕”T恤展示厅

山东庆雷室内设计工作室

优秀奖　张晓宇

“岳麓书院”讲学堂

湖南大学建筑系 95 — 2 班

优秀奖　赵立伟　赵中宇　王豪勇

辽宁省移动通讯指挥中心

中国建筑东北设计研究院

优秀奖　宋勇强

梅陇城鸟瞰图

上海同济规划建筑设计研究总院

优秀奖　宋勇强

福建省广播电视中心工程投标方案

上海同济规划建筑设计研究总院

优秀奖　宋勇强

大华商业文化中心

上海同济规划建筑设计研究总院

优秀奖 李 沁

海口假日海滩度假村

贵州省建筑科研设计研究院

优秀奖 李 玮

北京东四电信局

武汉显澜景观设计咨询公司

优秀奖 李 玮

邢台电业局调度中心方案

武汉显澜景观设计咨询公司

优秀奖 徐 浩

苍山市政府及广场环绕效果图

山东大伟工程开发设计有限公司

优秀奖 宝 音

呼和浩特市政中心设计方案

内蒙古建筑勘察设计院方案所

优秀奖 赵 军

银滩大酒店

海军北海工程设计院

▶ **优秀奖** 李新胜

淮阴市交通大厦

苏州市建筑设计研究院

交通大厦

优秀奖 李新胜

苏州广电演播大厅效果图

苏州市建筑设计研究院

优秀奖 王 蕾

烟台市富饶彩色水泥制品厂综合楼

德州市建筑规划勘察设计研究院

优秀奖 魏　峰　肖方明

衢州市电信枢纽工程大楼会议室

中国美术学院风景建筑设计研究院

优秀奖 金 捷 陈敬亥

浙江亚厦装饰集团办公楼

中国美术学院合艺设计所

优秀奖 邵 健 杨 盛

嘉兴建设银行办公楼大厅

中国美术学院环境艺术系

优秀奖 金　捷　陈敬亥
浙江新闻出版物质大楼
中国美术学院合艺设计所

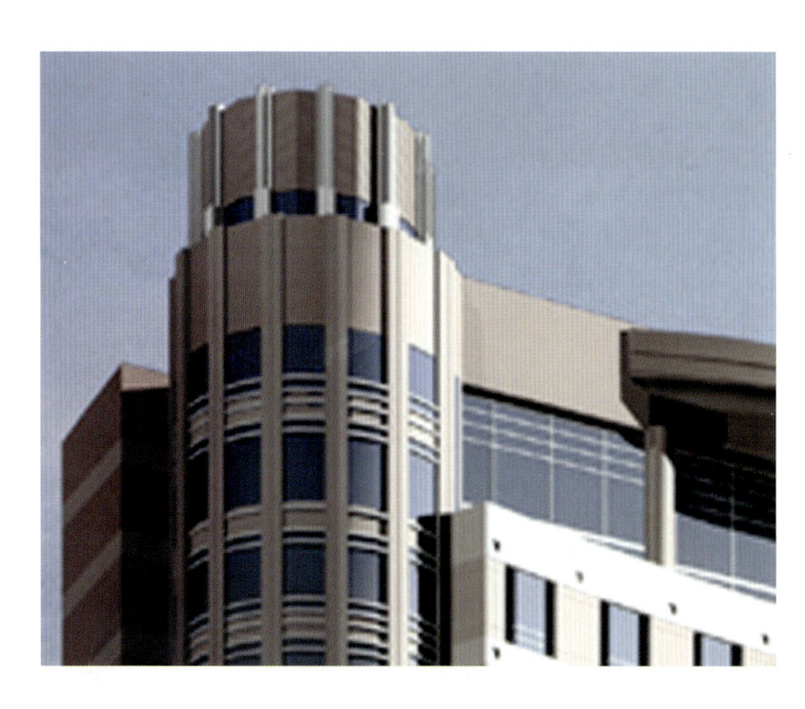

蘇州中國大飯店設計方案

SUZHOU CHINA HOTEL DESIGNING

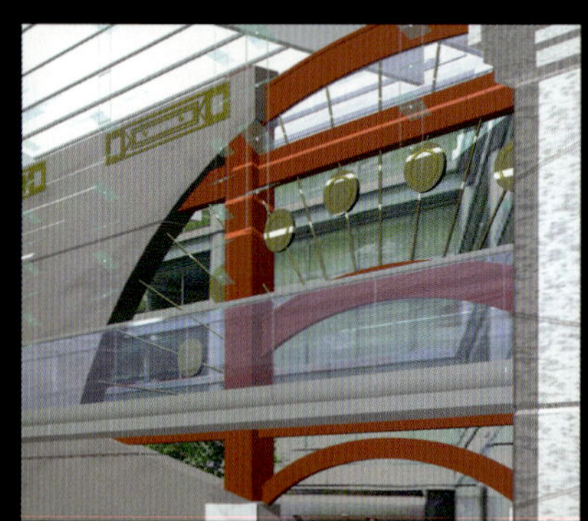

本設計方案考慮到其建築的地理位置，在歷史文化名城修建重要建築的首要問題是如何在保持地方特色和民族文化個性的同時，具有時代感和前瞻性，設計也力求在展示個性特征的基礎上顯示文化內涵，從蘇州園林的拙政園的扇面亭，墻面與節點設計采用傳統的窗欞形式爲母題點綴以額枋與柱面的穿插感受，以表達象征的意味，在這樣的特殊空間中，形意于扇面的造型，有利于空間的轉換，同時將扇中的景借入或滲透，墻面的色彩主要爲灰白色，仿佛江南水鄉的主色（材料爲大花白）中心部分爲紅色，如故宮的紅墻（材料爲鋼材和噴漆）。在層頂的處理上，摒棄龐大屋頂的“加法”處理，注意了墻身過渡的微妙漸變關系，更進一步的是探索了以平屋頂表達古代建築中屋頂傳統的空間曲綫與輪廓剪影的美感，最大限度地喚起了人們對中國古代文化和建築意象的追憶。從功能上做到分區合理利用空間造型、體塊、綫條色彩和選材强調空間的空闊高大的禮堂感覺，爲了强調空間的現代感，運用了中性色彩同高精度的金屬飾件（構件）色彩等，以細膩的高技術風格，并且選用了大師的沙發來配合這一主題。

优秀奖 杨 胤 张亦宁

沈阳市欧亚大厦实施方案局部表现

沈阳建筑工程学院 OTHERS 建筑设计工作室

沈阳市规划设计研究院

◀ **优秀奖** 田 原

苏州中国大饭店大堂设计方案

清华大学美术学院96级环艺乙班

优秀奖　朱宇华

南方公司办公楼外立面改造

五洲工程设计研究院（五机部院）

优秀奖 彭 湃

肇庆某酒店餐厅

深圳市设计装饰工程公司

优秀奖 曾德林 孙 伟

重庆涪陵日兴大厦水晶大厅

重庆飞鹰图像工作室

优秀奖 曾德林 孙 伟

重庆清华中学体育馆

重庆飞鹰图像工作室

优秀奖 曾德林　孙　伟

重庆合川体育场

重庆飞鹰图像工作室

优秀奖 曾德林 孙 伟

重庆涪陵天和大厦

重庆飞鹰图像工作室

优秀奖 刘家方 刘左英

上海图书馆新馆中厅

上海家友电脑画有限公司

优秀奖　刘家方　刘左英

浙江某银行

上海家友电脑画有限公司

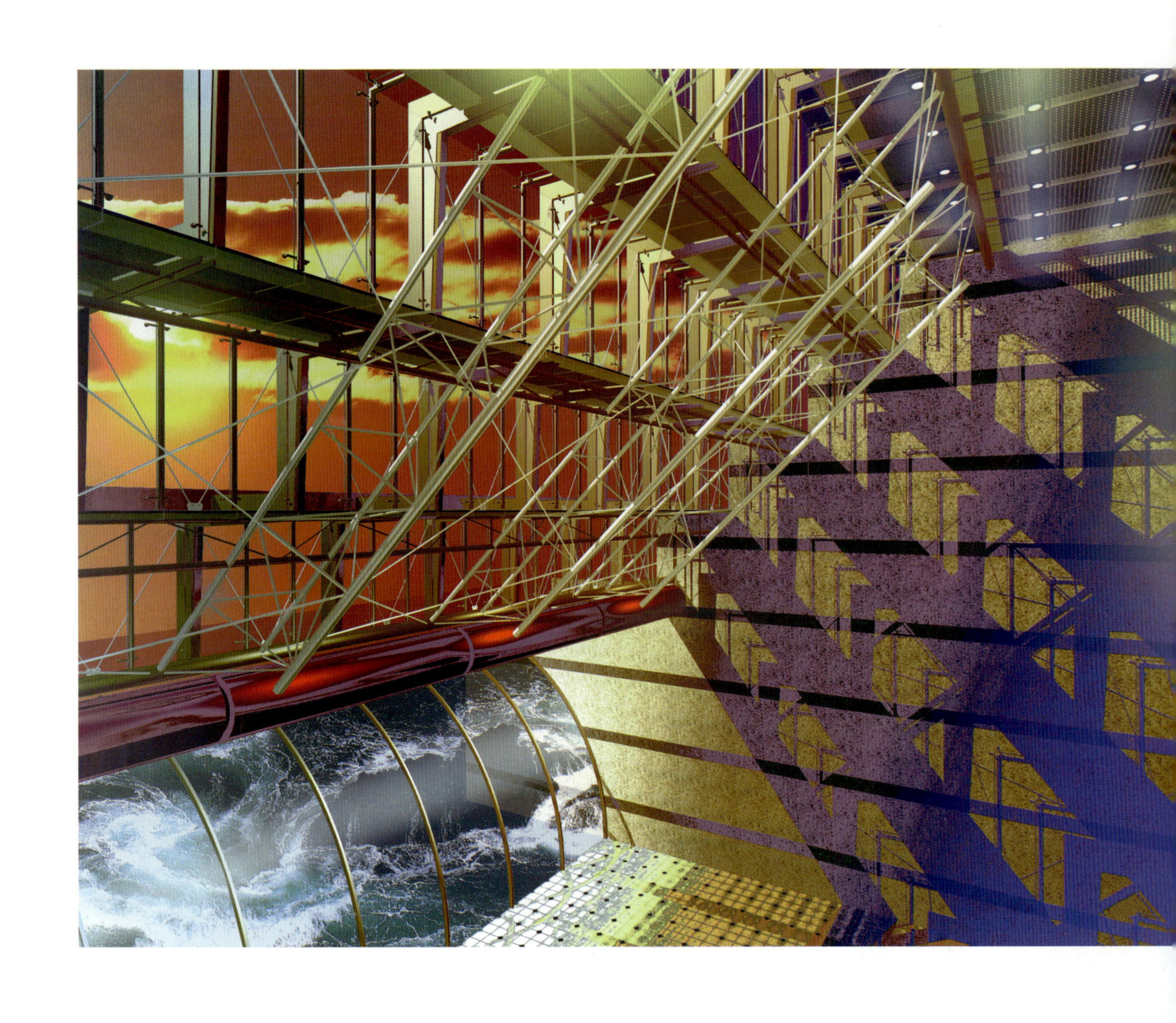

优秀奖 刘家方 陈 静
上海金山区政府某大楼
上海家友电脑画有限公司

▶ **优秀奖** 成都狮王
省农资大厦
成都狮王建筑装饰设计有限公司

优秀奖 屈培青 李 彤

西安高科广场

中国建筑西北设计研究院

优秀奖 屈培青　李　彤

西安高科广场

中国建筑西北设计研究院

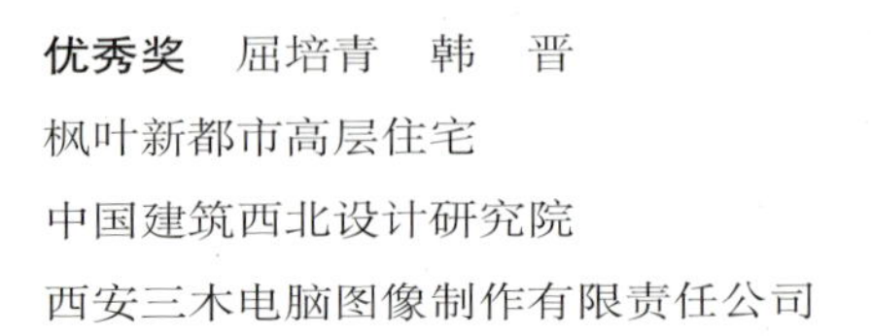

优秀奖 屈培青 韩 晋

枫叶新都市高层住宅

中国建筑西北设计研究院

西安三木电脑图像制作有限责任公司

优秀奖 胡 昕 陈耀光 郭兆峰

杭州剧院改建艺术画廊

杭州典尚建筑装饰设计有限公司

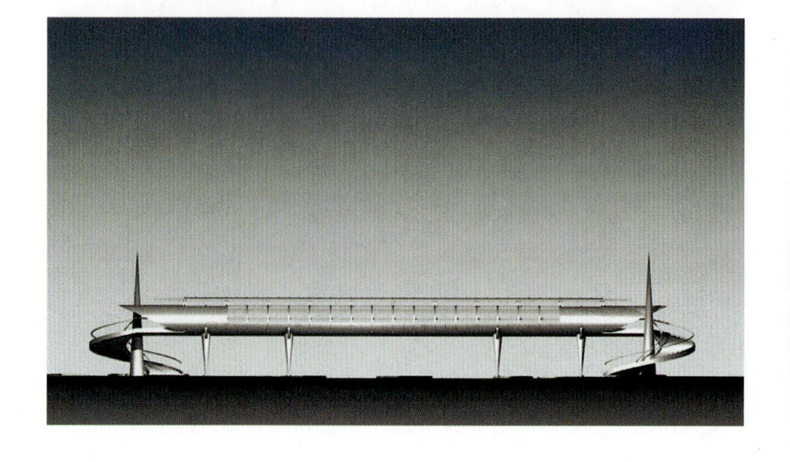

▶ **优秀奖** 文 理

某人行过街天桥

桂林市建筑设计研究院

优秀奖 王黎刚

桂林某商贸大厦

桂林市建筑设计研究院

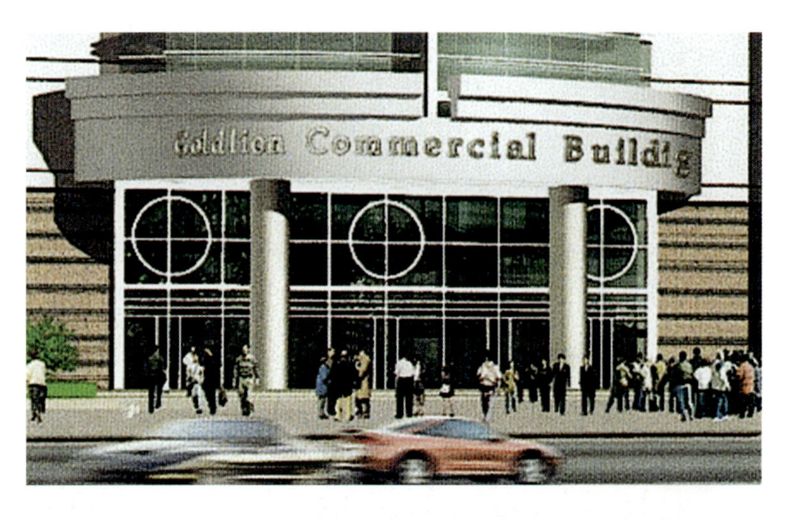

优秀奖 刘 军 胡晓英

某科技大厦效果图

桂林市建筑设计研究院

优秀奖 刘 军 胡晓英

某客厅效果图

桂林市建筑设计研究院

优秀奖 叶 果 王 鹏

柳州工商局培训中心大楼投标方案

桂林市建筑设计研究院

优秀奖 集体创作

成都紫荆广场

成都东晖图像设计制作有限公司

优秀奖　集体创作

四川广汉三星堆蜀市方案

成都东晖图像设计制作有限公司

◀ **优秀奖** 集体创作

成都四季花园高层公寓投标方案

成都东晖图像设计制作有限公司

优秀奖 陈 焯 魏思进

西宁某酒吧

陕西唐刚装饰装修设计有限责任公司

优秀奖 魏思进 朱晓红

某公司科研楼大厅

陕西唐刚装饰装修设计有限责任公司

优秀奖 魏思进 陈 焯

西安丰盛商贸大厦酒店大堂

陕西唐刚装饰装修设计有限责任公司

优秀奖 雷 坚

商业建筑

雷坚设计制作有限责任公司

优秀奖 雷 坚

商业建筑

雷坚设计制作有限责任公司

优秀奖 兰 闽

北京科技会展中心

北京原景建筑设计咨询有限责任公司

优秀奖 刘 军 宋 东
贾 伟 赵海燕

某部南方一号别墅

深圳洪涛设计工作室

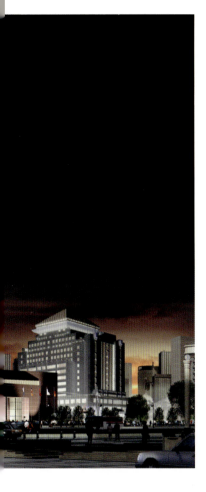

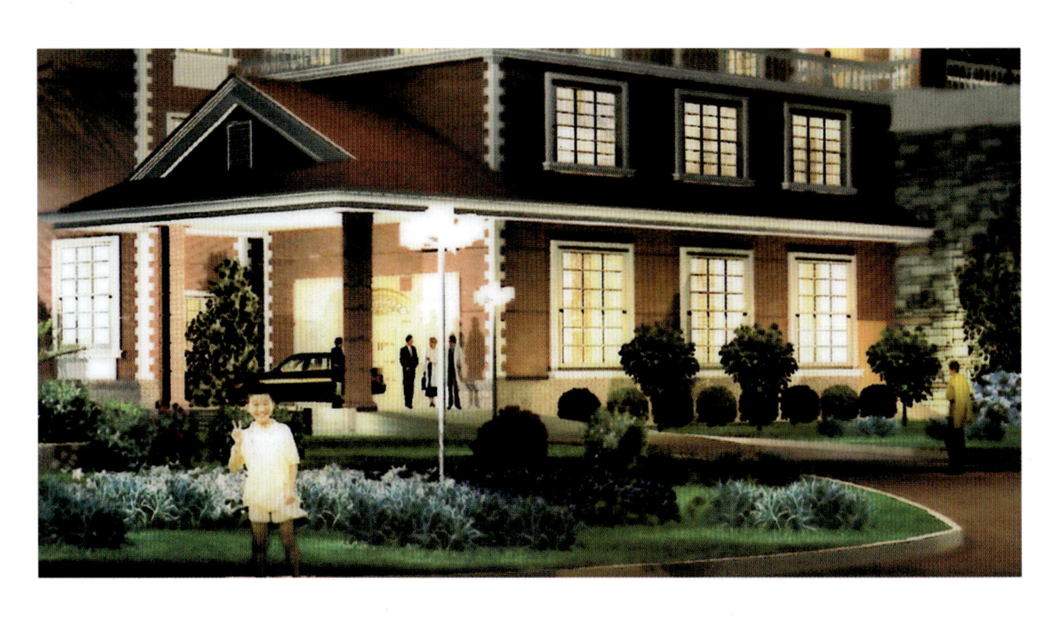

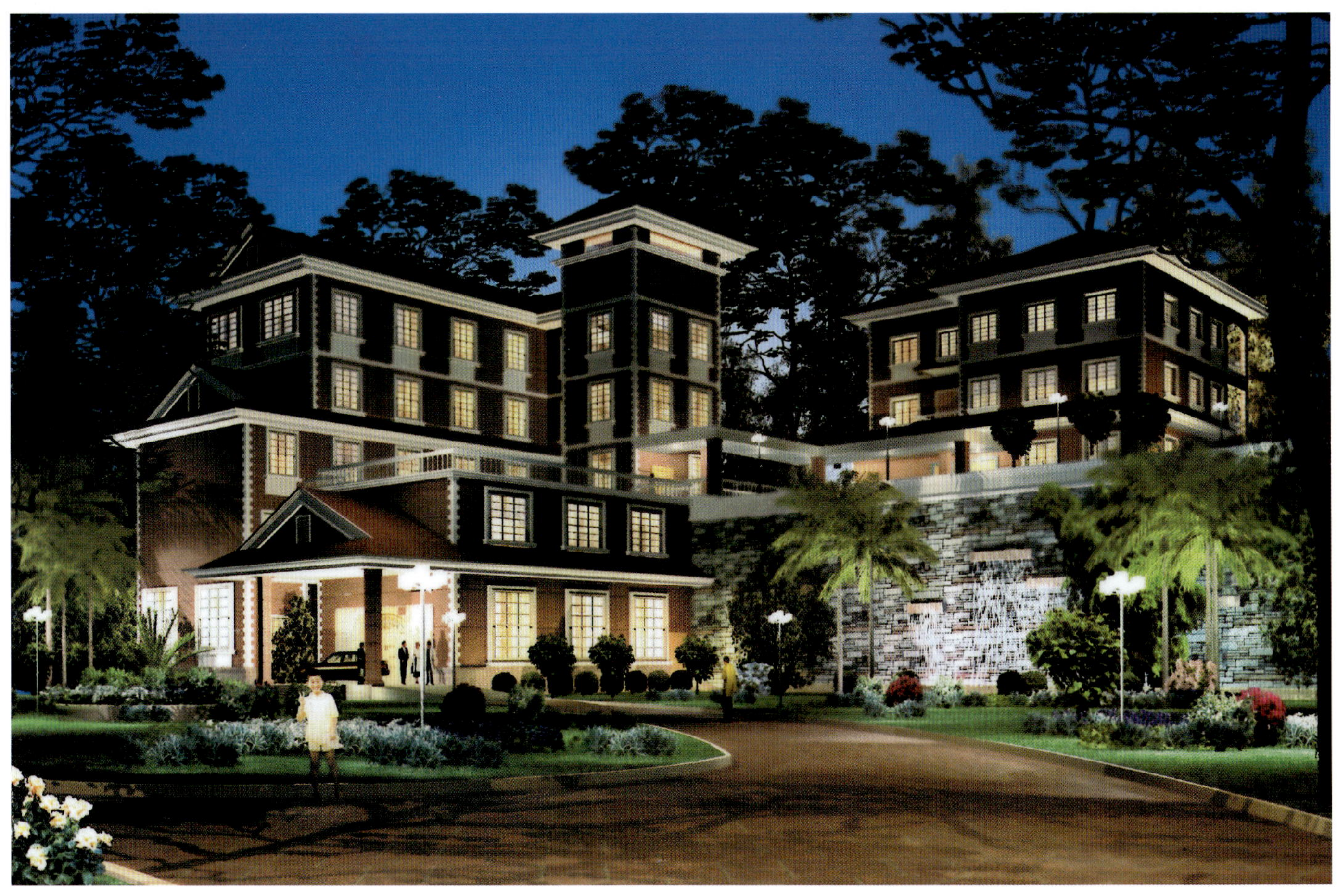

优秀奖 叶 青

美时办公家具展位设计

中国建筑材料及设备进出口珠江公司

优秀奖 刘 燕 史永杰 刘 军 刘松柏

电子沙盘

深圳洪涛设计工作室

▶ **优秀奖** 施宏伟 徐海川

某酒店前厅

深圳洪涛装饰工程公司

电脑与建筑画(二)

3D 神画——超越照片般的真实

何关培

一、序言

3D神画是一个在Windows 95/98/NT上使用的三维绘画软件，它直接读取AutoCAD DXF或3D Studio MAX/VIZ等三维建模软件的文件，运用专利技术在每个图元上存储景深、材料和色彩三个值(一般图象处理软件如Photoshop等只存储色彩值)，使设计师可以在三维空间中对建筑模型进行绘画处理，从而得到风格迥异的电脑建筑画。3D神画与众不同的优势主要表现在两个方面：

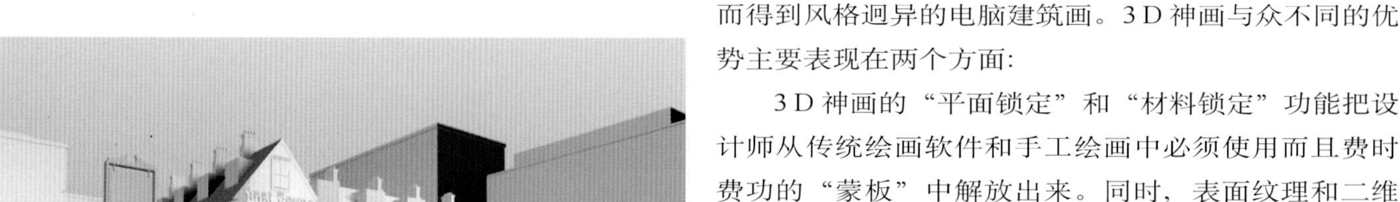

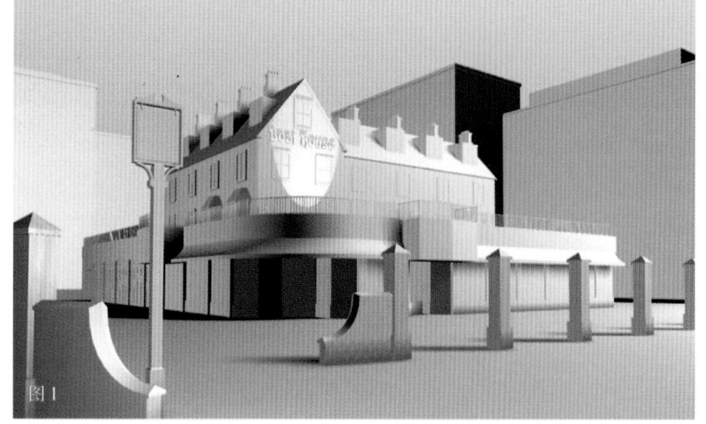

图1

图2

3D神画的“平面锁定”和“材料锁定”功能把设计师从传统绘画软件和手工绘画中必须使用而且费时费功的“蒙板”中解放出来。同时，表面纹理和二维贴图会自动根据透视要求出现在图中的位置，省去了设计师另一个花费时间较多而且容易出错的工作。

3D神画提供了一批非照片效果制作工具，使设计师可以迅速地创作出表达其设计意图且风格不同的效果图。

接下来的例子说明，在一台P155/80MB内存的普通PC上，设计师使用3D神画把图1变成图7只花了26分钟。

二、第一步——用纹理绘画

从图1 开始，首先我们使用3D神画的一些基本功能，给后边的建筑物赋上立面用的纹理，同时给前面的围墙画上砖墙效果。2分钟以后我们得到了图2。

这个工作只要从3D神画提供的纹理库中选取需要的纹理，然后使用3D神画的“fill can”工具点取相应的面即可完成。由于我们打开了“平面锁定”开关，因此3D神画会自动计算该平面的范围，并不需要设计师定义蒙板。

请注意3D神画如何自动计算纹理的透视和方向。

图2细部

图3

当我们调用纹理时，我们把纹理的“颜料效果”调低50%，这样就把新的纹理和原来存储在图元上的灰度值混合到了一起。这种做法保留了原图由于阴影而产生的明暗变化。我们可以从图中偏右建筑物的立面(图2细部)或招牌前面的围墙上看到这种效果。

图3细部1

顺便说明一下，这一步的主要时间花在从库中寻找合适的纹理和检查其他控制设置得是否正确。如果我们要用类似效果处理多个图形，我们完全可以配置一个具有预定义式样的自用库，那样可以很容易地成倍提高工作效率。这种做法在后面的各步中也一样适用。

三、第二步——完成主要的表面

完成更多表面的绘画后，我们得到图3，这一步需要7分钟。在这一步中我们使用了3D神画的如下一些新技巧:

“材料锁定”限制了具有相同材料值图元的绘画效果。设计师可以使用这个功能限制画笔的动作，或者对图中具有相同材料的所有区域一次性更换另一种材料。本图红色阳台栏杆(图3细部1)和围墙柱混凝土顶的绘制，都只要轻轻一次点击即可。

图3细部2

“背景”认为是一种材料，因此在绘制天空时不需要蒙板。事实上，我们把一个日落时的天空和一些白色混合得到了一个白天的效果。

为了得到天空反射在窗户上的效果，我们选择上述相同的天空纹理，但是混合以更多的白色同时把效果减弱到60%。然后使用“材料锁定”功能，轻轻一击就把处理后的天空纹理画到了所有玻璃做的物体上(图3细部2)。

大家可能可以看到旅馆招牌木制部分和围墙混凝土顶的“木纹和颗粒状”效果，这是3D神画提供的众多绘画特色中的一种。

我们加黑了旅馆的左墙使其阴影更加明显，要达到这个效果可以用几种不同的方法来实现。这里我们仅仅是在同一个地方画了两次(使用局部效果保留部分原始的亮度，然后再画一次减弱上次保留的亮度)。

库中的纹理一般是按现实世界的实际尺寸设置的，但设计师不一定要遵守这个尺寸。旅馆的地面使用较大尺寸的瓷砖看上去要比直接使用库中尺寸好，因此，我们在绘制地面是放大了瓷砖纹理的尺寸(图3细部3)。

图3细部3

四、第三步——蒙太奇和构造工具

3D神画的蒙太奇工具允许设计师把贴图加到您的场景中。我们花了7分中把所有的贴图加好得到图4。

大家看到的人和树是正面插入的，也就是说是面向镜头的。贴图和纹理一

图4

图4细部1

图4细部2

图5细部

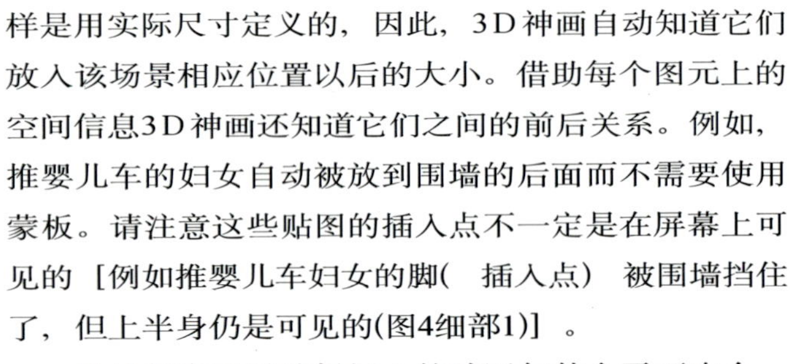

样是用实际尺寸定义的，因此，3D神画自动知道它们放入该场景相应位置以后的大小。借助每个图元上的空间信息3D神画还知道它们之间的前后关系。例如，推婴儿车的妇女自动被放到围墙的后面而不需要使用蒙板。请注意这些贴图的插入点不一定是在屏幕上可见的［例如推婴儿车妇女的脚(插入点) 被围墙挡住了，但上半身仍是可见的(图4细部1)］。

设计师也可以选择插入的贴图与某个平面吻合。旅馆招牌上的画片就是按原图尺寸制作的，然后非常方便地贴到了招牌上。人和树的阴影也用同样方法绘制：我们把原始贴图放到地面上，然后旋转并混合一定的黑色即可。

同理，我们使用相同的树贴图，减弱其色彩效果后将其贴到窗户上，就得到了树在窗户上的反射效果。“材料锁定”功能保证了只把树的反射效果画在窗户上。

最后一个我们用到的技巧是“构造”功能，这个功能允许设计师用选中的贴图延伸成一个平面。使用一个具有a通道的纹理描述围墙的栏杆，我们使用“构造”功能沿着围墙绘制出了整个围墙的栏杆。3D神画充分理解景深的含义，因此，该栏杆和其前后物体的遮挡关系都由系统自动处理(图4细部2)。

图5

图6

图7

图6细部

图7细部

图8

五、第四步——超越照片般真实的效果

图5、6、7只是让大家对3D神画的表现多样性和绘画速度有一个小小的感觉。完成这三幅图并把它们存为TIFF文件我们只用了10分钟。

这里使用的关键步骤是使用3D神画的重新渲染(RE-RENDER)命令，该命令把整张图的色彩、景深和材料信息都拷贝到了单独的恢复通道(RESTORE CHANNEL)中去。然后把前景注满白色颜料提供一张新的空白画布。接下来的操作是设置好各种控制，建立一个新的前景，然后把新的颜色和存储在恢复通道中信息相混合。

我们使用一种棕色和一个过程噪音纹理制作出图5。该噪音纹理设有初始值，因此，绘制时棕色颜料在不同区域的用量取决于存储在恢复通道中原图的明暗值。一旦这些纹理的控制值设置好以后，调用填充(FILL)工具一次即可产生图5所示的效果。

图6分两步绘制而成。从一块白色画布的前景开始，第一步的做法和图5类似。这次我们使用黑色墨水和一种过程三维平面纹理产生平行于地面的黑色条带效果。同时我们把一种牛皮纸颗粒加入到这种效果中，大家可以

图9

图10

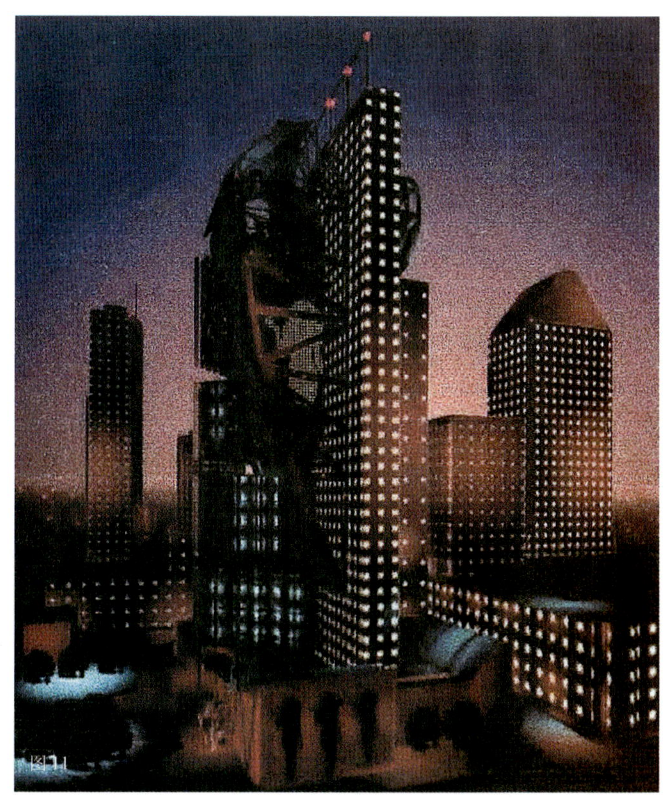

图11

图12

图13

图14

在图6的黑暗部分看到这种效果。

第二步我们使用恢复(RESTORE)命令取出原图的色彩和上述前景效果结合，执行这个动作时我们使用墨水而不是颜料，同时把效果减弱。这样把原图和刚刚产生的黑色条带效果混和(而不是破坏)到了一起。同样一按填充命令就完成了这一步工作。

图7也用两步完成。还从一个空白的前景开始，我们通过寻找景深通道信息中的不连续性使用边线(EDGE)渲染功能绘制边线，然后在白纸上挥动圆形画笔看到边线在我们的画笔下出现。我们使用减弱到45%的黑色颜料，这样产生了许多微弱的黑色线条，对于我们特别感兴趣的区域可以通过重复绘制和使用累积效果来加强。

然后我们使用一种树叶形状的光栅画笔有选择性的恢复存储在恢复通道上的原图色彩，把效果减弱到50%以下，连同光栅画笔一起产生图7所示的水彩效果。我们想吸引读者注意力的画面中心区域利用额外多画几笔的累积效果进行了适当加强。

图15

图16

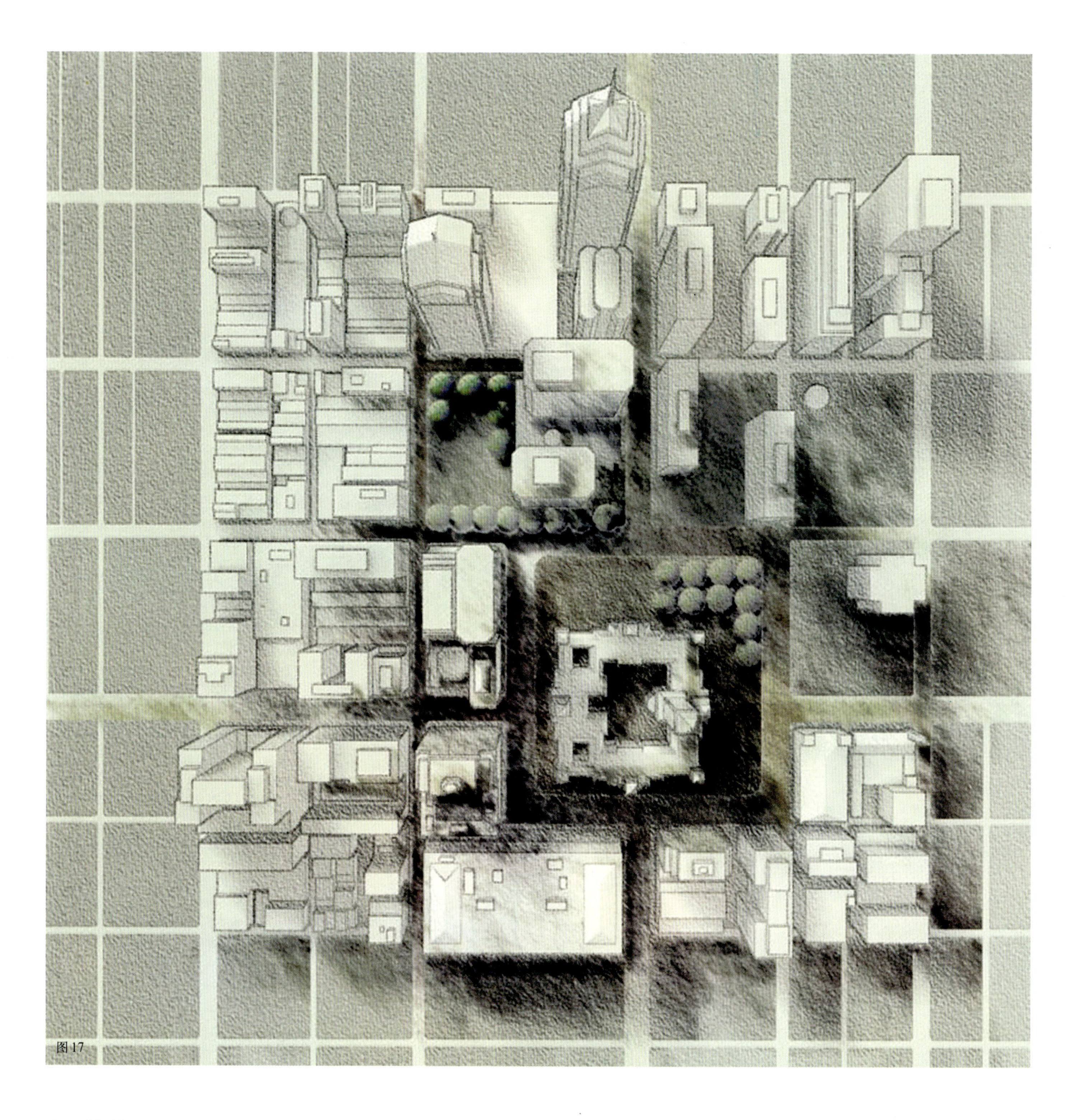
图17

六、结语

一谈到电脑建筑画，大家就很容易和呆板、没有个性等形象联系在一起，而3D神画以自己的能力彻底改变了人们的这个看法。现在让我们用3D神画的用户们对它的评价和他们的一些作品来作为本文的结束语吧。

“绘画空间”，“三维画笔”。(与Painter,PhotoShop等平面绘图软件的对比)

“超越真实感”，“融艺术于真实”。(与Lightscape、3D Studio MAX/VIZ等真实感软件的对比)

“由软件联想到乐趣”。(与大家对所有软件的感觉对比)

图18

图19

图20

图21

二维渲染——让中国建筑师都自己画效果图

何关培　何　波

效果图作为表现建筑设计的有效手段，已经成为建筑设计成果中不可或缺的内容之一。电脑软件的应用使建筑效果图制作进入了一个新的阶段，无论从效果图的数量还是质量来看，较之过去都有了很大的提高。

美中不足的是，目前只有15%左右的效果图是由建筑师本人创作的，其余大部分由专业制作人员和建筑师配合完成。这个问题从某种角度已经影响了建筑设计水平的提高，同时也受到了业内人士的关注。产生这种情况的原因是多方面的，但那些效果图制作软件本身的原因却是首当其冲的。

一、业主的要求——外行看门道

1.1 施工图不好懂

有一句设计行业公认的话：图纸是工程师的语言。就象五线谱一样，非专业人士是很难看懂的。

计划经济时代，没有人对此有意见，也没有顾客是上帝的概念，看不懂就看不懂，天经地义。随着市场经济的不断深入，作为投资者的业主需要越来越多地参与到工程项目建设中来，因此，让非专业人士看懂图纸就摆到了议事日程。

1.2 三维效果图太宏观

三维效果图(图1)以及随之而产生的动画漫游把未来建筑搬到了业主眼前，使业主对正在设计的建筑物有一个总体的了解和概念。大大帮助了建筑师和业主之间的沟通。但由于时间和费用等原因的限制，不可能把建筑物的所有内容都用三维效果图表达出来，故而仍然无法满足业主理解具体设计的要求。

图1

1.3 二维表现图承上启下

二维表现图是流行的建筑设计表现手法的一种，大家在房地产售楼资料中可以大量看到这类图，包括建筑平立剖、室内设计、规划设计、园林设计等。

二维表现图是在施工图基础上，把不同的功能区域和设备分区使用色块、材质、配景和照片等加以分隔而得到的一种图纸，直观形象，解决了非专业人士理解建筑详细设计的问题。

二、建筑师的愿望——自己的事情自己做

2.1 理想的设计表现手段

建筑师在设计过程中要做两件事，首先要在大脑中构思设计，然后要把这个设计表现出来。除最终成品的施工图外，建筑方案设计过程的表达方式主要有模型和图形(包括线条图和效果图)两种。

效果图并不是仅仅用来给业主看的，同时也是建筑师用来验证设计构思的主要方法之一，所以，自己动手画效果图是每个建筑师的愿望。

2.2 手画效果图

建筑画是每个建筑师在校期间的必修课，属于对动手能力和动脑能力要求都很高的课程，由于各种条件的限制，真正能在设计项目中手画效果图的建筑师比例并不高。

电脑作为人脑和人手的延伸，给更多建筑师在这方面带来了机会。

2.3 三维电脑效果图

用三维软件制作效果图是目前电脑建筑画的主流，主要软件有Autodesk公司的3DS系列，德赛三维建筑设计软件系列设计大师ArchT2000、渲染巨匠Lightscape、3D神画VI等，其典型的制作方法可以分为建模和渲染两个过程。

建模的过程是用软件在电脑中建立建筑物的三维模型，从中产生效果图和施工图。渲染的过程是在建筑物三维模型的基础上，加上材质、光源、配景等要素，由软件计算出指定视角的效果图。根据目前的情况来看，三维软件仍然无法让每个建筑师都自己动手画效果图，至少有下列因素的制约:

1．硬件：制作三维电脑效果图，通常对硬件的要求比较高，目前，除少数经济发达地区和经济效益好的设计院外，绝大部分建筑师的硬件无法达到这个要求。

2．时间：通常制作一张中等复杂的三维电脑效果图需要3～5天时间，因此，一个建筑物只能制作非常有限数量的效果图。

3.费用：不是所有的项目都有制作三维效果图的费用预算的。

2.4 二维电脑表现图

这里所说的二维电脑表现图，是指不建立三维模型，而是直接画二维的平面、立面、剖面以及功能分区、设备分区等表现图。通常二维电脑表现图可在二维的平面、立面和剖面线条图基础上，加上色彩、材料纹理和图片贴图而

成，既简单又快捷。由于绝大部分建筑师都是自己画平立剖方案图和施工图，因此，这类二维电脑表现图，是建筑师乐于并且能够自己动手画的。二维设计软件能够让每个建筑师都自己动手画效果图，至少有下列的有利因素:

1.无需建立三维模型，免去了繁琐耗时的操作。

2.二维设计软件都易于使用，命令和菜单都不多。

3.纯二维图形，要求电脑的性能不高。

4.无需渲染运算，随手可得。

5.加上建筑师创意的表现，有些方面的效果甚至可以超出传统三维效果图。

三、不得已的变通—非建筑专业处理软件

在没有专业的建筑二维渲染软之前，大家只好用一些非建筑专业的软件进行制作，如一些广告行业使用的平面设计软件(CorelDraw,PhotoShop等)来制作建筑二维表现图，这种不得已的变通，当然浪费时间和精力，而且要让建筑师掌握使用非本身专业的设计软件，当然是建筑师们不乐于接受的。这种做法，至少存在以下问题:

3.1 文件格式转换丢信息

现在大多数的建筑师是使用AutoCAD来画图的，AutoCAD图形文件转入到其它平面设计软件进行渲染时，由于是跨行业的软件，互相的支持和兼容性有限，导致转换后会有信息丢失，无法直接使用，必须在平面设计软件内对原图进行修补。

3.2 学习操作费时间

如前所说，由于这类平面设计软件是跨行业的软件，并不是为建筑专业而设计的。因此，用户界面、使用方法甚至一些术语，都需要建筑师去熟悉和掌握，换句话说，建筑师要再学一套“AutoCAD”，显然这是不得已的事情。

3.3 产生结果文件大

平面设计软件以点阵图像处理为主，因此其结果文件一般来说都较大，需要电脑的性能很好，特别需要较多的内存，保存文件的硬盘容量也要较大。

四、专业化的工具—德赛TSA2000

德赛TSA2000可以全面解决上述问题，不但让建筑师自己做方案设计和施工图，更让建筑师都自己画效果图，它的功能包括方案设计和施工图设计，其内置的二维渲染，更是革命性的产品。是一套集方案设计、施工图设计、效果图设计于一体，完整的二维建筑设计软件。

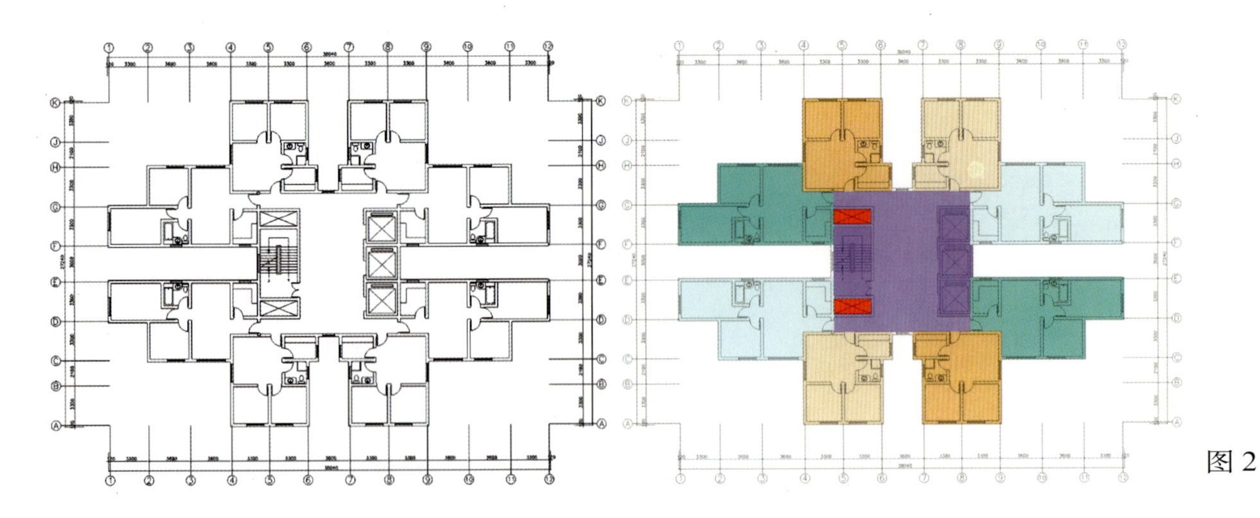

图 2

4.1 完整的二维建筑设计软件

在中国的建筑设计行业，建筑师的主要工作是做方案设计和施工图设计。建筑师画施工图是中国建筑设计行业的传统和特色，所以专业化的施工图软件应用已很普遍。但如文章开头所说，由于软件本身的原因，导致建筑师在方案设计阶段，只完成平立剖线条图部分，建筑师自己动手画渲染表现图就不多，一般是与专业效果图制作人员配合完成。

TSA2000让建筑师不但可以完成施工图的绘制，而且可以完成方案设计，当然包括让建筑师自己动手画渲染表现图。也就是说，它提供给建筑师一套完整的，切合实际的，事实证明是建筑师乐于使用的设计软件。

4.2 彩色平面和剖面图

在方案设计中，为了醒目区分建筑平面的功能分区，在原有线条图的基础上，利用TSA2000可非常方便地加上不同的色块，让不论是建筑师还是非专业人士，都能轻易识别(图2)，如果需要区分空间上的不同还可在原有剖面图上加上色块(图3)。

4.3 彩色总平面图和街道立、剖面图

和彩色平面图一样，一张彩色的总平面图(图4)，无疑能极大地生动表现其内容。通常，一张总平面图要表现的东西都比较多，如果是小区规划图图幅就更大了。根据一般的常识，也许你会担心文件会很大，操作起来很慢，因为通常平面设计软件生成这样的图，文件都很大，但TSA2000采用矢量和点阵数据混合，生成的文件很小，保存和操作都很容易。

图 3

4.4 彩色立面图

三维渲染效果图当然是一种较好的建筑表现手法，但其制作时间和费用也是较多的，尽管目前三维渲染效果图非常流行，德赛公司也是一直努力推广其三维设计软件，从建模软件设计大师ARCHT2000到渲染巨匠Lightscape和3D神画Ⅵ，但在许多的场合，由于受时间和设计费用的限制，用二维的彩色立面图来表现建筑物的立面，更是件省时省力的方法。而且一直

图 5

以来，建筑设计表现图中，彩色立面占有很大的份量，TSA2000的彩色立面功能足以满足需求，诸如建筑立面常用的色块、渐变色、位图纹理、人物、汽车、树林的配景贴图，以及背景的贴图和渐变色，可完成一张精美的立面效果图(图5)。

4.5 施工图

前面所述的彩色表现图，在TSA2000中，都是在线条图的基础上，也就是用AutoCAD或iCAD2000画出的DWG图上加工而成。TSA2000的施工图功能，不但可以进行方案设计，完成方案图中的平、立、剖面，还可以更进一步地绘制出施工图(图6)，因篇幅所限，不一一列举TSA2000的施工图功能，但其智能化的平面，独特的立面和专业化的绘图工具，以及内置设计院网络化、标准化的用户图库管理功能，是设计网络化应用的基础。

4.6 运行环境

TSA2000以AutoCAD R14和iCAD2000为平台，是绝大多数设计院使用的图形平台，因此有着广泛的基础和通用性；支持Windows95/98/NT，并提供Windows NT的网络版。同时也提供单机版以及暂时还未建网的小型设计单位使用的企业版。由于TSA2000是二维设计软件，对硬件要求不高，一般的奔腾133CPU、32MB内存、IGB硬盘，就可很好地运行。

图 4

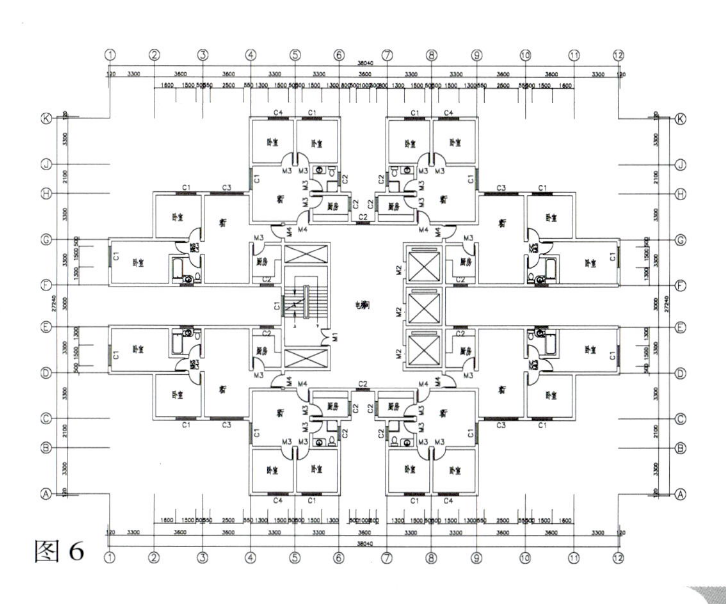
图 6

知已知彼——您需要什么样的建筑装修软件？

何关培

一、绪论——眼花缭乱的软件

今年是笔者使用软件(电脑)21周年、靠软件谋生14周年。从1986年开始，本人一直处于既是软件的使用者，又是软件的提供者这样一种双重身份，在这个期间，被问得最多的一个问题便是：你们的软件和别的软件相比有什么区别?

这是一个销售软件的人最难回答的问题，但却是购买软件的人最关心的问题，由不得你不回答。近来由于一线推广工作做得比较少，似乎有一段时间没听到这个问题了，窃以为大众购买软件的意识有了变化(进步?)。不料，5月初在接受广州有线电视台的采访中，又被结结实实地问了一次，而且又是非回答不可。

看来买卖双方仍然在非常频繁地回答和询问这个问题，买方目的当然是想买到最好的软件，事实上I T 界对此已经有明确的定义：最适合您的就是最好的!但作为购买方您知道您需要什么样的软件吗?

笔者就建筑装修软件的上述问题谈谈自己的看法。

二、争论——各执一词的广告

众多的软件广告除了说明软件本身的优点外，几乎都在引导消费，告诉您需要什么样的建筑装修软件，而争论最激烈的内容当属三维与二维之争。这些争论的目的只有一个，那就是他们的软件就是您最需要的软件。

2.1 三维还是二维?

开发三维建筑装修软件的公司力陈三维建筑装修软件的先进性，认为二维设计软件太落后，看不到建筑物在三维空间的效果，令您大有二维软件一定会被淘汰的感觉。

具有二维建筑装修软件的公司大讲二维建筑装修软件的方便性，认为三维设计软件太麻烦，明明只想画一张平面图，却非得先要建一个三维模型，杀鸡用牛刀，得不偿失。

听起来上述说法都有道理，那么到底是买三维软件好，还是买二维软件好呢?这个问题就象是问出差旅行坐火车好还是坐飞机好一样无法回答?如果抛开软件本身不好用的因素，两者都能达到目的，您如何选择呢?

2.2 您需要三维设计结果吗?

这和您的工作性质有关，也和每一个项目的具体情况有关。如果您所在的单位是一个专业绘图公司，就不需要三维设计结果；或者您正在做的一个项目甲方只要二维设计结果，那也不用三维设计软件。

反之，如果您需要三维设计结果，您就必须使用三维设计软件。

2.3 您需要二维设计结果吗?

如果您是一个专业做三维设计的单位或个人，您就不需要二维设计结果，当然也不需要二维设计软件。

如果这个项目您既做三维设计也做二维设计，那么既能做三维设计也能做二维设计的三维设计软件应该是最好的选择。

如果这个项目您只做二维设计，那么无疑您应该选择一套二维设计软件。

2.4 三维和二维应该配合购买

事实上，一间设计公司是三维二维都要做的，而且按照统计规律做二维设计的人要比做三维设计的人多，二维设计的工作量也大。因此，购买软件时也应该三维软件和二维软件配合。例如一个10个人的设计部门，可以买3套三维设计软件，买7套二维设计软件。

这样做首先是工作需要，用二维软件做二维设计要比用三维软件做二维设计方便、速度快、硬件配置低、培训时间短。

其次是成本小，通常二维软件的价格要比三维软件的价格低，再加上硬件和培训等费用的节省，结果是显然的。

三、讨论——检验真理的标准

每个软件都有各自的一番道理，到底怎样去评价和选择呢？检验真理的标准只能从分析建筑装修设计的实际情况中产生。

什么时候做三维设计，什么时候做二维设计，不是由设计人员决定的，当然更不是由软件决定的，这得取决于项目、取决于甲方、取决于市场。

3.1 建筑装修设计的内容

建筑装修的设计过程可以分为方案设计和施工图设计两个阶段，其相关情况列表如下:

	方案设计阶段	施工图设计阶段	使用软件
三维设计结果	1.三维线框模型图 2.三维彩色表现图	无	三维设计软件
二维设计结果	1.二维平、立、剖方案图 2.二维彩色表现图	1.二维平、立、剖施工图 2.节点大样等详图	三维设计软件和二维设计软件可选
工作量划分	30%左右	70%左右	

对表格的说明：

1.有的项目不做方案，直接做施工图设计；

2.在方案设计阶段只有二维平、立、剖方案图是必须做的，其余图纸视甲方的要求来决定。

3.2 三维设计的工作方法

如果甲方要求对某一项目做三维设计，那么设计人员就必须使用三维设计软件，此时的工作方法可用图1表示如下：

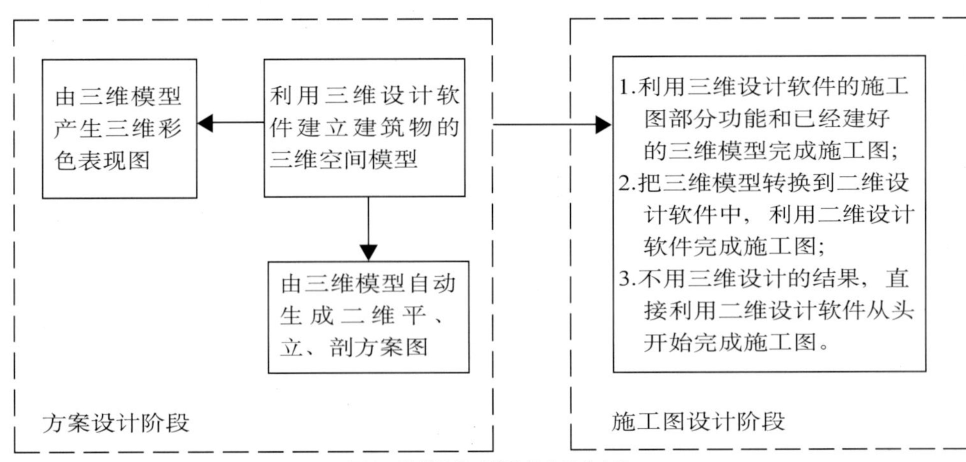

图1：建筑装修三维设计的工作方法

3.3 二维设计的工作方法

对于有些项目甲方并不要求做三维设计，此时，使用二维设计方法和相应的二维设计软件将得到更高的综合效率。建筑装修的二维设计方法如图2：

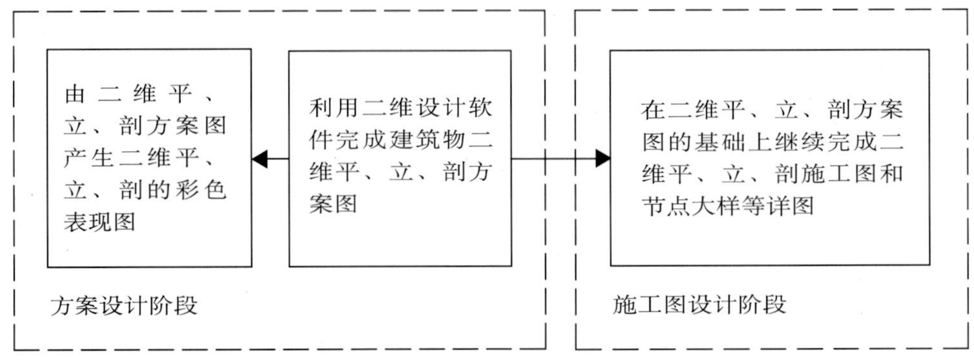

图2：建筑装修的二维设计方法

四、结论——德赛软件的实践

基于上述分析，德赛建筑装修软件提供了三维设计和二维设计两套解决方案。

4.1 德赛三维设计软件解决方案

德赛建筑装修设计软件的三维解决方案如图3所示：

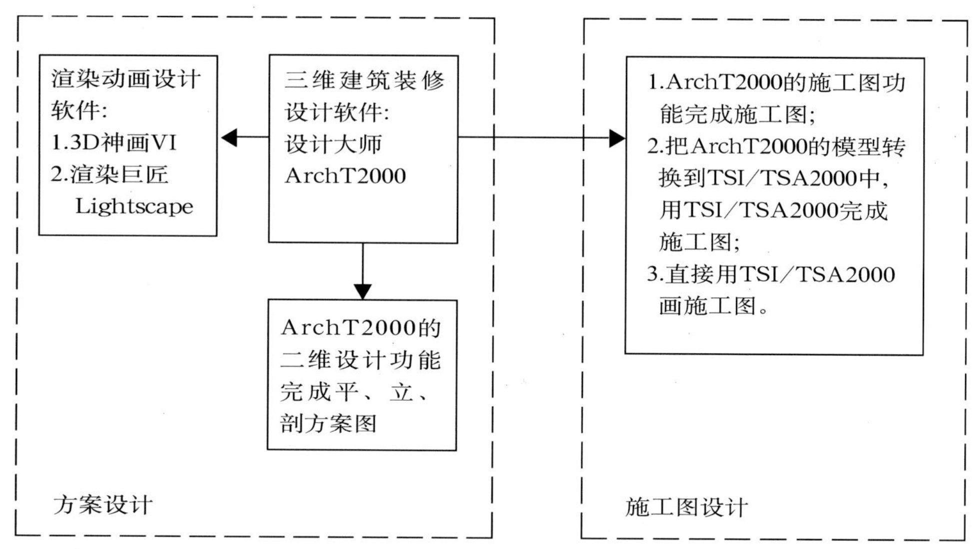

图3 德赛三维建筑装修设计软件解决方案

4.2 德赛二维设计软件解决方案

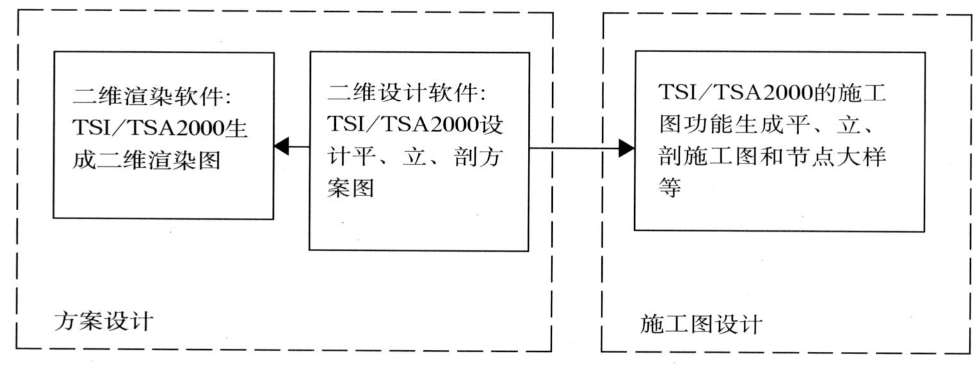

图4：德赛二维建筑装修设计软件解决方案

图书在版编目(CIP)数据

第二届全国电脑建筑画(含动画)大赛获奖作品集/《建筑画》编辑部编.—北京：中国建筑工业出版社，2000
ISBN 7-112-04288-7

Ⅰ.第… Ⅱ.建… Ⅲ.建筑制图：自动绘图-作品集-中国 Ⅳ.TU-881.2

中国版本图书馆CIP数据核字(2000)第33204号

总体设计：蔡宏生

第二届全国电脑建筑画（含动画）大赛获奖作品集
《建筑画》编辑部　编
*
中国建筑工业出版社出版、发行（北京西郊百万庄）
新华书店经销
北京广厦京港图文有限公司制作
深圳当纳利旭日印刷有限公司印刷
开本：889 × 1194毫米 1/16　印张：11 1/2 字数：432千字
2000年8月第一版　2000年8月第一次印刷
印数：1-4,500　册　　定价:198.00元
ISBN7-112-04288-7
TU · 3710 (9743)

安装：

1、在Win95环境下运行光盘根目录下的Setup.exe文件。
2、安装程序提示产品安放目录，请输入正确的目录名，按“完成”按钮继续。
3、安装程序提示安装完毕，重新启动机器。

系统需求：

1、PC 586/100MHz 以上或其他兼容微机，建议使用 Inter 586/133MHz 以上微机。
2、中文 Win95 或更高版本。
3、内存 8MB 以上，建议使用 16MB 以上内存。
4、真彩显示卡，建议显示器设为 640 × 480 × 64k。
5、建议 8 速以上 CD-ROM 驱动器。
6、16 位 Sound Blaster 兼容声卡。
7、请使用 Windows 下声音调控软件，调整背景音乐的强弱。